Die Meisterprüfung

Dipl.-Ing. Peter Behrends
Dipl.-Ing. Bernard Wessels

Formeln und Tabellen Elektrotechnik

8., bearbeitete Auflage

Vogel Communications Group

Weitere Informationen:
www.vogel-fachbuch.de

 http://twitter.com/vogelfachbuch

 www.facebook.com/vogel-fachbuch

www.vogel-fachbuch.de/rss/buch.rss

ISBN: 978-3-8343-3439-8
8. Auflage. 2019

Printed in Germany

Vorwort

Diese Formel- und Tabellensammlung aus der Elektrotechnik ergänzt die Fachbuchgruppe «Die Meisterprüfung in der Elektrotechnik». Vorbild war die über vier Jahrzehnte weiterentwickelte «Hausformelsammlung» der Bundesfachlehranstalt für Elektrotechnik (bfe) in Oldenburg. Ihre kompakte und übersichtliche Form fand bei vielen Ausbildungsstätten und Prüfungskommissionen reges Interesse und führte zu der vorliegenden Fassung. Sie wurde absichtlich so kurz wie möglich gehalten, damit

- die Handhabung praktisch ist und
- sie auch in Prüfungen und Klausuren eingesetzt werden kann, in denen keine Unterlagen mit Musteraufgaben zugelassen sind.

Um den Überblick nicht zu verlieren, wurde bewusst darauf verzichtet, die Formeln für jede Größe umzustellen. Das «Internationale Einheitensystem (SI)» fand konsequent Anwendung.

Die Beschäftigten in den energietechnischen Elektroberufen mit den heute selbstverständlich dazugehörenden Elektronikanteilen sind die hauptsächliche Zielgruppe der Formelsammlung.

Oldenburg und Würzburg — Verfasser und Verlag

In der Fachbuchreihe «Die Meisterprüfung in der Elektrotechnik» sind bisher erschienen:

Böttle/Boy/Clausing: Elektrische Meß- und Regelungstechnik

Behrends/Wessels: Formeln und Tabellen Elektrotechnik

Böttle/Friedrichs: Mathematische und elektrotechnische Grundlagen

Boy/Bruckert/Wessels: Elektrische Steuerungs- und Antriebstechnik

Boy/Dunkhase: Elektro-Installationstechnik

Dugge/Eißner: Grundlagen der Elektronik

Fehmel/Behrends: Elektrische Maschinen

Folkerts/Baade: Hausgeräte-, Beleuchtungs- und Klimatechnik

Böttle/Friedrichs/Janßen/Soboll: Aufgaben und Lösungen Elektrotechnik

Siegismund: Werkstoffkunde

In der Vogel Communications Group sind vom bfe Oldenburg erstellte Lern-CDs erschienen:

Beleuchtungstechnik

Brennstoffzellen

Datennetzwerktechnik

Drehstromtechnik

EIB/KNX Installationsbus

Elektrische Anlagen

Elektrische Maschinen

Elektromagnetismus

Elektronik 1

Elektronik 2

Elektro-Installationstechnik

Grundlagen der Elektrotechnik 1

Grundlagen der Elektrotechnik 2

Grundlagen der Elektrotechnik 3

Grundlagen der technischen Mathematik

IT-Sicherheit

Kabel und Leitungen

Leistungselektronik

Messtechnik

Regelungstechnik

Soziale Netzwerke

SPS Einfuhrung in speicherprogrammierbare Steuerungen

Steuerungstechnik mit Schaltungssimulator

Wechselstromtechnik

Inhaltsverzeichnis

Vorwort 5

1 Größen, Formelzeichen und Einheiten 11
1.1 Raumgrößen 11
1.2 Zeitgrößen – zeitabhängige Größen 11
1.3 Mechanische Größen 12
1.4 Wärmetechnik (Thermodynamik) 12
1.5 Elektrische Größen 13
1.6 Magnetische Größen 14
1.7 Lichtgrößen 15

2 Mathematische und andere Zeichen 16
2.1 Mathematische Zeichen 16
2.2 Vorsätze bei Einheiten 17
2.3 Griechisches Alphabet 18

3 Flächen- und Körperberechnung 19

4 Winkelfunktionen am rechtwinkligen Dreieck 22

5 Mechanik 23
5.1 Geometrische Addition von Kräften 23
5.2 Hebelgesetz, Drehmoment 23
5.3 Übersetzung, Getriebe 23
5.4 Masse (Gewicht), Dichte, Volumen 24
5.5 Drahtlänge einer Spule 24
5.6 Kinematik 25
5.7 Dynamisches Grundgesetz 26

6 Grundbegriffe der Elektrotechnik 27

7 Schaltungen mit ohmschen Widerständen 29
7.1 Gesetze der Parallelschaltung 29
7.2 Gesetze der Reihenschaltung 30
7.3 Ersatzschaltbild einer Spannungsquelle 30
7.4 Spannungsteiler 31
7.5 Wheatstone-Brückenschaltung 32

8 Temperaturbeiwerte des elektrischen Widerstands 33

9 Elektrisches Feld, elektrische Kapazität (Kondensator) 34

10 Magnetisches Feld, Induktivität (Spule) 35
10.1 Magnetische Größen 35
10.2 Kraftwirkung des magnetischen Feldes 36
10.3 Magnetisierungskennlinien 37

11 Wechselstromtechnik 38
11.1 Wechselstromgrößen 38
11.2 Zusammenschaltungen von Induktivitäten oder Kapazitäten 40
11.3 Wechselstromschaltungen 41
11.3.1 Reihenschaltungen von R, X_L und X_C 41
11.3.2 Parallelschaltungen von R, X_L und X_C 42
11.3.3 Blindleistungskompensation (Parallelkompensation) 43
11.3.4 Verbraucher am Dreiphasenwechselspannungsnetz (Drehstrom) 44
11.4 Vierpole an sinusförmiger Wechselspannung 45
11.4.1 Kapazitiver Spannungsteiler 45
11.4.2 Frequenzkompensierter ohmsch-kapazitiver Spannungsteiler 45
11.4.3 Hochpässe und Tiefpässe 45
11.4.4 *RC*-Glied als Phasenschieber 46
11.4.5 Siebglieder 47
11.4.6 Schwingkreis im Resonanzfall 48

12 Elektrische Maschinen 49
12.1 Transformator 49
12.2 Drehfeldmaschine 50

13 Schaltvorgänge im Gleichstromkreis mit Kondensator 51
13.1 Ladung/Entladung einer Kapazität mit konstantem Strom 51
13.2 Ladung/Entladung einer Kapazität an konstanter Spannung 51
13.3 Entladung einer Kapazität 52
13.4 Einschaltvorgang im Gleichstromkreis mit einer Induktivität 52
13.5 Normierte Exponentialfunktionen 53

14 Effektivwerte und arithmetische Mittelwerte 54
14.1 Von Wechsel- und Mischspannungen 54
14.2 Effektivwert nach Phasenanschnitt 56
14.3 Leistungsminderung durch Wellenpaketsteuerung 56

15 Installationstechnik 57
15.1 Schutzarten 57
15.2 Schutzmaßnahmen 57
15.3 Potentialausgleich 59
15.4 Leitungs-, Kabelbemessung 59
15.5 Verlegearten 62
15.6 Strombelastbarkeit 63
15.7 Antennenanlagen 71

16 Pegel und Dämpfung 74

17 Wärmetechnik 75
17.1 Wärmearbeit, Temperaturerhöhung 75
17.2 Wärmebedarf von Räumen 76
17.3 Wärmewiderstand, Verlustleistung, Kühlkörper 78

18 Beleuchtungstechnik 80

19 Elektronik ... 82
19.1 Halbleiterbauelemente ... 82
19.1.1 Veränderliche Widerstände ... 82
19.1.2 Dioden ... 83
19.1.3 Transistoren ... 84
19.1.4 Thyristoren ... 86
19.2 Gleichrichterschaltungen ... 88
19.2.1 Gleichrichterschaltungen mit Ladekondensator ... 88
19.2.2 Spannungsverdoppler und Vervielfacherschaltungen ... 89
19.2.3 Gleichrichterschaltungen mit ohmscher und induktiver Last ... 90
19.2.4 Steuerkennlinien u. Schaltungen gesteuerter Gleichrichterschaltungen 92
19.3 Spannungsstabilisierung ... 94
19.3.1 Mit Z-Diode und Vorwiderstand ... 94
19.3.2 Mit Z-Diode und Längstransistor ... 95
19.4 Bipolartransistor als Schalter ... 96
19.5 Linearverstärker mit Transistoren ... 97
19.5.1 Nf-Verstärker mit Bipolartransistor in Emitterschaltung ... 97
19.5.2 Impedanzwandler mit Bipolartransistor in Kollektorschaltung ... 98
19.5.3 Nf-Verstärker mit FET in Sourceschaltung ... 99
19.5.4 Sperrschicht-FET in Drainschaltung ... 100
19.6 Operationsverstärker ... 101
19.6.1 Kenndaten von Operationsverstärkern ... 101
19.6.2 Invertierender Verstärker ... 102
19.6.3 Nichtinvertierender Verstärker ... 102
19.6.4 Impedanzwandler (Spannungsfolger) ... 102
19.6.5 Summierender Verstärker (Addierer) ... 102
19.6.6 Subtrahierender Verstärker (Differenzverstärker) ... 103
19.6.7 Schmitt-Trigger (invertierend) ... 103
19.6.8 Integrierender Verstärker (Integrierer) ... 103
19.6.9 Differenzierender Verstärker (Differenzierer) ... 104
19.6.10 Konstantspannungsquelle ... 104
19.6.11 Konstantstromquelle ... 104

20 Funktionssymbole der Digital- und Steuerungstechnik ... 105
20.1 Verknüpfungsglieder ... 105
20.2 Bistabile Kippglieder ... 106
20.3 Monostabile Kippglieder, Verzögerungsglied ... 108
20.4 Zähler, Schieberegister (Beispiele) ... 109
20.5 Automatisierungstechnik (Befehlsdarstellung) ... 110

21 Tabellen ... 112
21.1 Materialkonstanten einiger Stoffe ... 112
21.2 Internationale Normreihen ... 113
21.3 Internationale Farb-Kennzeichnungen von Widerständen und Kondensatoren 113
21.4 Kennzeichnung von Kondensatoren ... 114
21.5 Bezeichnungsschema für Halbleiterbauelemente nach dem Proelektron-Typenschlüssel ... 114

Stichwortverzeichnis ... 117

1 Größen, Formelzeichen und Einheiten

Größe	Formelzeichen	Einheiten-zeichen	Erklärung

1.1 Raumgrößen

Größe	Formelzeichen	Einheitenzeichen	Erklärung
Strecke, Länge, Durchmesser	s; l; d	m	Meter
Fläche	A	m^2	Quadratmeter
Volumen	V	m^3	Kubikmeter
Winkel	α; β; γ; φ	rad; °	Radiant; Grad $1° = \frac{\pi}{180}$ rad

1.2 Zeitgrößen – zeitabhängige Größen

Größe	Formelzeichen	Einheitenzeichen	Erklärung
Zeit, Zeitspanne	t	s	Sekunde
Periodendauer, Umlaufzeit	T	s	
Zeitkonstante	τ	s	
Frequenz	f	$1\ Hz = s^{-1}$	Hertz, Schwingungen pro Sekunde
Kreisfrequenz, Winkelgeschwindigkeit	ω	s^{-1}	
Umdrehungsfrequenz (Drehzahl)	n	s^{-1} (min^{-1})	Umläufe pro Sekunde $1\ s^{-1} = 60\ min^{-1}$
Phasenverschiebungswinkel	φ	°	Grad
Geschwindigkeit	v	m/s	Meter pro Sekunde
Beschleunigung	a	m/s^2	Meter pro Sekunde²

1.3 Mechanische Größen

Masse; Gewicht im Sinne einer Wägung	m	kg	Kilogramm
Kraft; Gewichtskraft	F; G	N	Newton
Dichte	ρ	kg/m^3; kg/dm^3	$1\ kg/m^3 = 10^{-3}\ kg/dm^3$ $1\ t/m^3 = 1\ kg/dm^3 = 1\ g/cm^3$
Arbeit; Energie	W; E	J	Joule $1\ J = 1\ N \cdot m = 1\ W \cdot s$
Leistung	P	W	Watt $1\ W = 1\ J/s = 1\ N \cdot m/s$
Trägheitsmoment	J	$kg \cdot m^2$	
Moment, Drehmoment	M	$N \cdot m$	
Druck	p	Pa	Pascal $1\ Pa = 1\ N/m^2$ $= 10^{-5}$ bar

1.4 Wärmetechnik (Thermodynamik)

Wärmemenge, Wärmearbeit	Q	J	Joule $1\ J = 1\ N \cdot m = 1\ W \cdot s$
spezifische Wärmemenge	c	$\frac{J}{kg \cdot K}$	
Wärmeleitfähigkeit	λ	$\frac{W}{m \cdot K}$	
Temperatur, thermodynamische Temperatur	ϑ T	°C K	Grad Celsius Kelvin
Temperaturdifferenz	$\Delta\vartheta$	K	Kelvin
Längenausdehnungs-koeffizient	α_l	K^{-1}	$K^{-1} = 1\ \frac{m}{m \cdot K}$
elektrischer Wider-stands-Temperatur-koeffizient	α	K^{-1}	$K^{-1} = 1\ \frac{\Omega}{\Omega \cdot K}$

1.5 Elektrische Größen

Elektrizitätsmenge, elektrische Ladung	Q	C	Coulomb; 1 C = 1 A · s
elektrische Spannung: Potentialdifferenz; Potential für Momentanwerte	 U u	 V	 Volt
elektrische Stromstärke für Momentanwerte	I i	A	Ampere
elektrische Leistung: Wirkleistung Blindleistung Scheinleistung	 P; P_p Q; P_q S; P_s	 W W oder var W oder VA	 Watt Watt oder Voltampere reaktiv Watt oder Voltampere
elektrischer Widerstand: ohmscher Widerstand (Resistanz) Blindwiderstand induktiver Widerstand kapazitiver Widerstand Scheinwiderstand (Impedanz)	 R X X_L X_C Z	 Ω Ω Ω	 Ohm; 1 Ω = 1 V/A
elektrischer Leitwert: Wirkleitwert Blindleitwert induktiver Leitwert kapazitiver Leitwert Scheinleitwert	 G B B_L B_C Y	 S S S	 Siemens; $1\ S = \Omega^{-1}$
spezifischer elektrischer Widerstand	ρ	$\Omega \cdot m$; $\frac{\Omega \cdot mm^2}{m}$	$1\ \Omega \cdot m = 10^4\ \frac{\Omega \cdot mm^2}{m}$
spezifischer elektrischer Leitwert; elektrische Leitfähigkeit	γ; κ	S/m; $\frac{m}{\Omega \cdot mm^2}$	$1\ S/m = 10^{-4}\ \frac{m}{\Omega \cdot mm^2}$

elektrische Stromdichte	J; S	A/m^2; A/mm^2	$1\ A/m^2 = 10^{-6}\ A/mm^2$
Induktivität; Selbstinduktivität	L	H	Henry; $1\ H = 1\ \frac{V \cdot s}{A}$
elektrische Kapazität	C	F	Farad; $1\ F = 1\ \frac{A \cdot s}{V}$
elektrische Feldstärke	E	V/m; V/mm	$1\ V/m = 10^{-3}\ V/mm$
Permittivität (früher Dielektrizitäts-konstante) elektrische Feldkonstante Permittivitätszahl (früher Dielektrizitäts-zahl)	ε ε_0 ε_r	F/m $\approx 8{,}85 \cdot 10^{-12}$ F/m 1	$1\ F/m = 1\ \frac{A \cdot s}{V \cdot m}$

1.6 Magnetische Größen

elektrische Durch-flutung, magnetische Spannung	Θ	A	Ampere
magnetische Feldstärke	H	A/m	Ampere pro Meter
magnetische Flussdichte, Induktion	B	T	Tesla; $1\ T = 1\ \frac{V \cdot s}{m^2}$
magnetischer Fluss	Φ	Wb	Weber; $1\ Wb = 1\ V \cdot s$
magnetischer Widerstand	R_m	H^{-1}	$1\ \frac{A}{V \cdot s} = H^{-1}$
magnetischer Leitwert	Λ	H	Henry; $1\ H = 1\ \frac{V \cdot s}{A}$
Permeabilität (magn. Leitfähigkeit) magnetische Feldkonstante Permeabilitätszahl	μ μ_0 μ_r	H/m $\approx 1{,}257 \cdot 10^{-6}$ H/m 1	Henry pro Meter
Windungszahl	N; w	1	im allgemeinen N; bei elektr. Maschinen w, wenn N für Nutenzahl

1.7 Lichtgrößen

Lichtstärke	I_V	cd	Candela
Lichtstrom	Φ_V	lm	Lumen; 1 lm = 1 cd · sr
Beleuchtungsstärke	E_V	$lx = \frac{lm}{m^2}$	Lux
Leuchtdichte	L_V	$\frac{cd}{m^2}$ od. $\frac{cd}{cm^2}$	
Lichtausbeute	η	$\frac{lm}{W}$	Lumen pro Watt
Absorptionsgrad	α	1	
Reflexionsgrad	φ	1	
Transmissionsgrad	τ	1	
Raumwinkel	Ω, ω	sr	steradiant

2 Mathematische und andere Zeichen

2.1 Mathematische Zeichen

Zeichen	Bedeutung – Sprechweise

a) Ordnungszeichen

1.	erstens
...	und so weiter bis
$r_1, r_2 \ldots r_n$	r eins; r zwei; r n

b) Gleichheit; Ungleichheit

$=$	gleich
$\neq$	nicht gleich; ungleich
$\sim$	verhältnisgleich; proportional
$\approx$	angenähert gleich; etwa; rund
$\hat{=}$	entspricht
$<$	kleiner als
$>$	größer als
$\ll$	klein gegen; erheblich kleiner als
$\gg$	groß gegen; erheblich größer als

c) Rechenvorgänge

$+$	plus	
$-$	minus	
$\cdot$	mal	
———	geteilt durch (gerader Bruchstrich)	
%	Prozent (geteilt durch Hundert)	
‰	Promille (geteilt durch Tausend)	
$\langle [(\;)] \rangle$	spitze, eckige, runde Klammer	
$\sqrt{}$	Quadratwurzel aus; zweite Wurzel aus	
Σ	Summe	Werte, für die eines dieser Zeichen gilt, sind in Klammern zu setzen!
Δ	Differenz	
Π	Produkt	
∞	unendlich	

d) Geometrische Zeichen

$\parallel$	parallel
$\nparallel$	nicht parallel
$\perp$	rechtwinklig auf
$\sphericalangle$	Winkel
⊾	rechter Winkel
$\overline{AB}$	Strecke von A nach B
$\overset{\frown}{AB}$	Bogen von A nach B
arc α	Bogenmaß zum Winkel α; arcus α

2.2 Vorsätze bei Einheiten

Atto	=	a	=	10^{-18}
Femto	=	f	=	10^{-15}
Piko	=	p	=	10^{-12}
Nano	=	n	=	10^{-9}
Mikro	=	μ	=	10^{-6}
Milli	=	m	=	10^{-3}
Zenti	=	c	=	10^{-2}
Dezi	=	d	=	10^{-1}
Deka	=	da	=	10^{1}
Hekto	=	h	=	10^{2}
Kilo	=	k	=	10^{3}
Mega	=	M	=	10^{6}
Giga	=	G	=	10^{9}
Tera	=	T	=	10^{12}

2.3 Griechisches Alphabet

Alpha	A	α	Ny	N	ν
Beta	B	β	Xi	Ξ	ξ
Gamma	Γ	γ	Omikron	O	o
Delta	Δ	δ	Pi	Π	π
Epsilon	E	ε	Rho	P	ρ
Zeta	Z	ζ	Sigma	Σ	σ
Eta	H	η	Tau	T	τ
Theta	Θ	ϑ	Ypsilon	Y	υ
Jota	I	ι	Phi	Φ	φ
Kappa	K	κ	Chi	X	χ
Lambda	Λ	λ	Psi	Ψ	ψ
My	M	μ	Omega	Ω	ω

3 Flächen- und Körperberechnung

Quadrat

$A = a^2$
$U = 4 \cdot a$
$e = \sqrt{2} \cdot a$

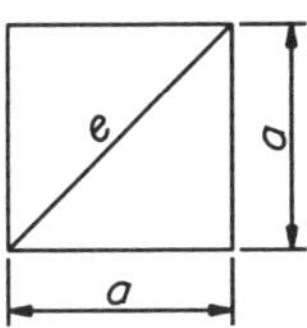

Rechteck

$A = a \cdot h$
$U = 2\,(a + h)$
$e = \sqrt{a^2 + h^2}$

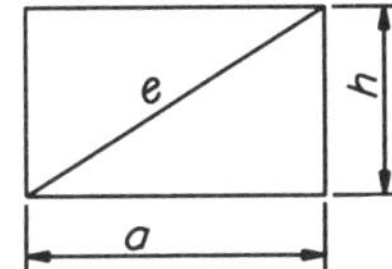

Verschobenes Viereck

$A = a \cdot h$
$U = 2\,(a + b)$

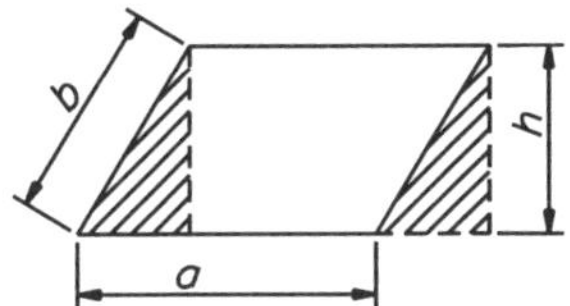

Dreieck

$$A = \frac{a \cdot h}{2}$$

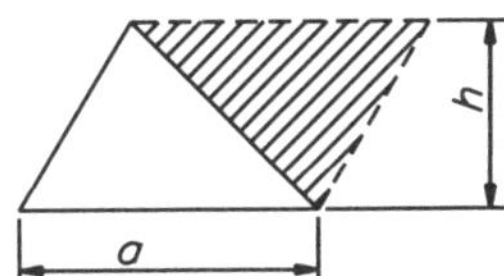

Trapez

$$A = \frac{a + b}{2} \cdot h$$
$$A = m \cdot h$$

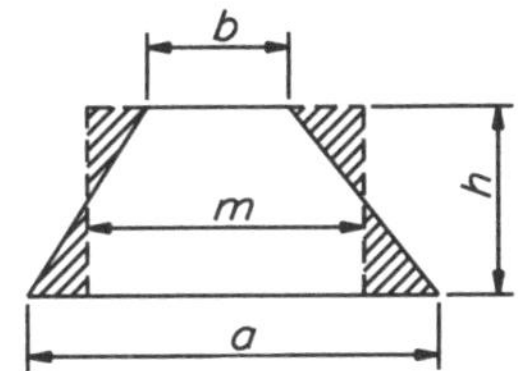

Kreis

$$A = \frac{d^2 \cdot \pi}{4}$$
$$U = d \cdot \pi$$

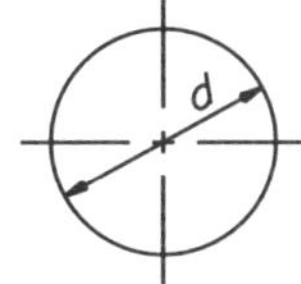

Kreisring

$$A = \frac{\pi}{4}(D^2 - d^2)$$

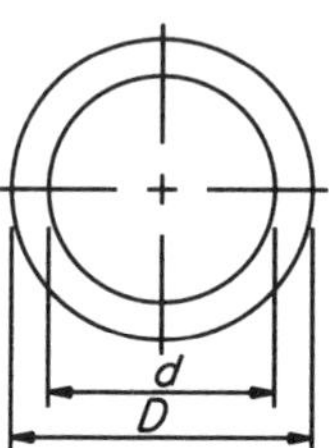

Kreisausschnitt

$$A = \frac{d^2 \cdot \pi \cdot \alpha}{4 \cdot 360°}$$

$$b = \frac{d \cdot \pi \cdot \alpha}{360°}$$

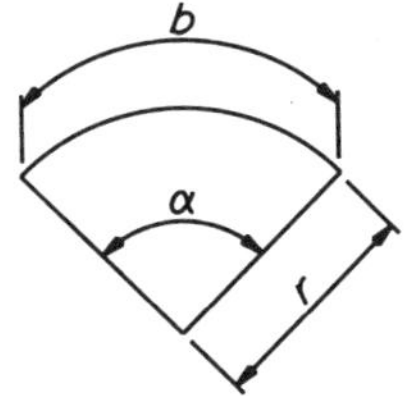

Würfel

$$V = a^3$$

$$D = \sqrt{3} \cdot a$$

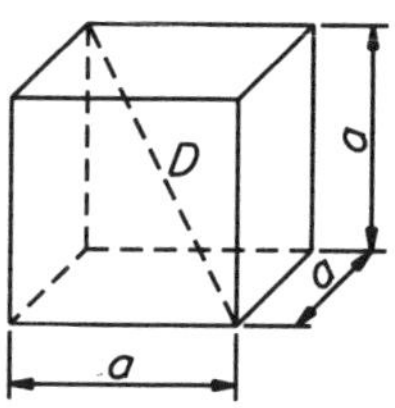

Prisma

$$V = a \cdot b \cdot h$$

$$V = A \cdot h$$

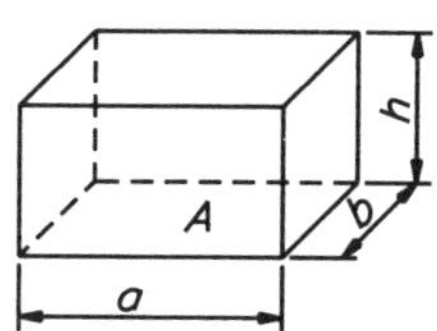

Zylinder

$$V = \frac{d^2 \cdot \pi}{4} \cdot h$$

$$V = A \cdot h$$

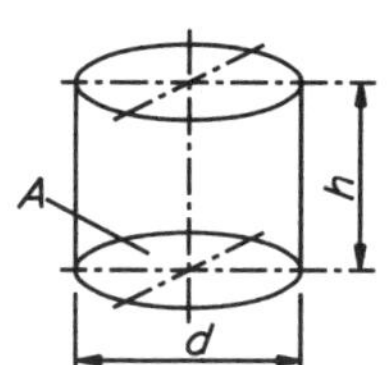

Körper mit gleichem Querschnitt:
Volumen = Querschnittsfläche · Höhe

Kegel

$$V = \frac{d^2 \cdot \pi \cdot h}{12}$$

$$V = \frac{A \cdot h}{3}$$

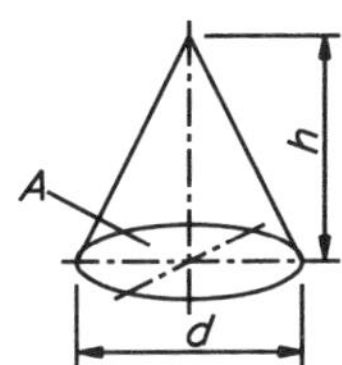

Pyramide

$$V = \frac{a^2 \cdot h}{3}$$

$$V = \frac{A \cdot h}{3}$$

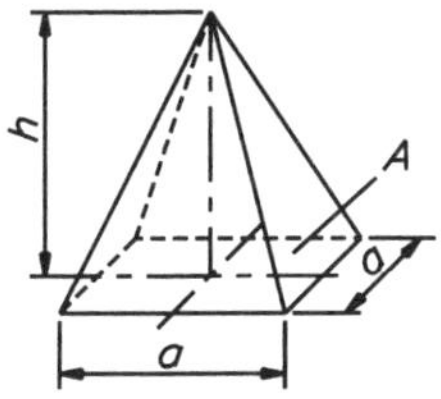

Kugel

$$V = \frac{d^3 \cdot \pi}{6}$$

$$A = d^2 \cdot \pi$$

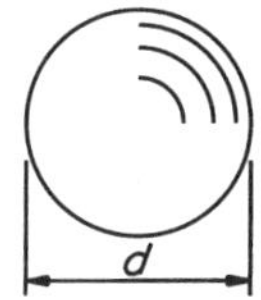

Guldinsche Regel

$$V = A \cdot s$$

$$V = A \cdot d \cdot \pi$$

Volumen = Querschnittsfläche · Schwerpunktsweg

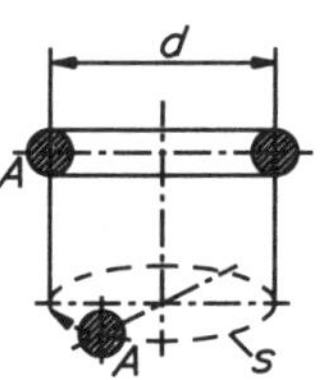

4 Winkelfunktionen am rechtwinkligen Dreieck

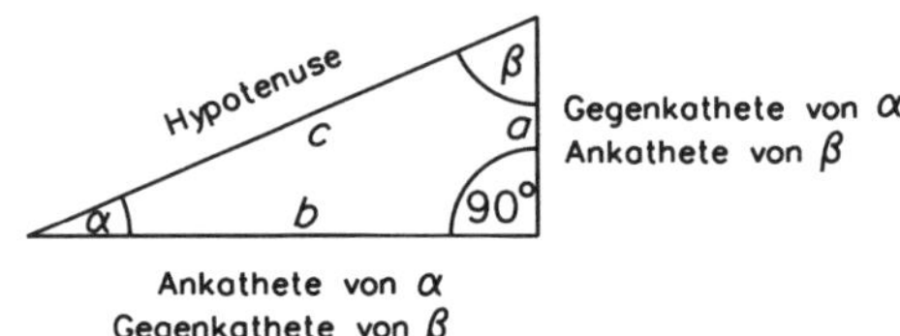

Sinusfunktion gleich Gegenkathete durch Hypotenuse

$$\sin \alpha = \frac{a}{c}; \qquad \sin \beta = \frac{b}{c}$$

Cosinusfunktion gleich Ankathete durch Hypotenuse

$$\cos \alpha = \frac{b}{c}; \qquad \cos \beta = \frac{a}{c}$$

Tangensfunktion gleich Gegenkathete durch Ankathete

$$\tan \alpha = \frac{a}{b}; \qquad \tan \beta = \frac{b}{a}$$

Lehrsatz des Pythagoras:
Die Fläche des Hypotenusenquadrats ist gleich der Summe der beiden Kathetenquadrate.

$$a^2 + b^2 = c^2$$

5 Mechanik

5.1 Geometrische Addition von Kräften

Grundgesetz der Statik:
Die Summe aller horizontalen und aller vertikalen Kräfte an einem Körper ist gleich null.

Resultierende Kraft: $\vec{F}_R = \vec{F}_1 + \vec{F}_2$ Addition nach Betrag und Richtung

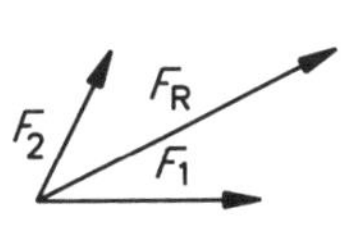

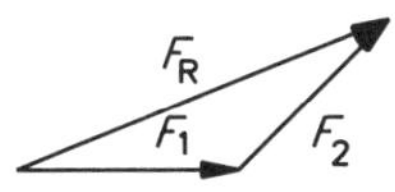

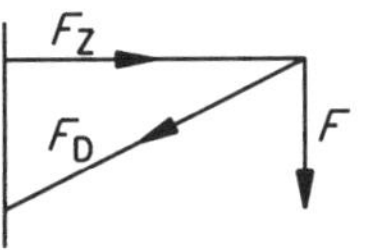

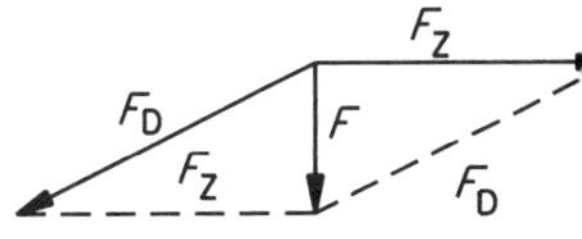

5.2 Hebelgesetz, Drehmoment

Die Summe der rechtsdrehenden Momente ist gleich der Summe der linksdrehenden Momente.

Drehmoment:

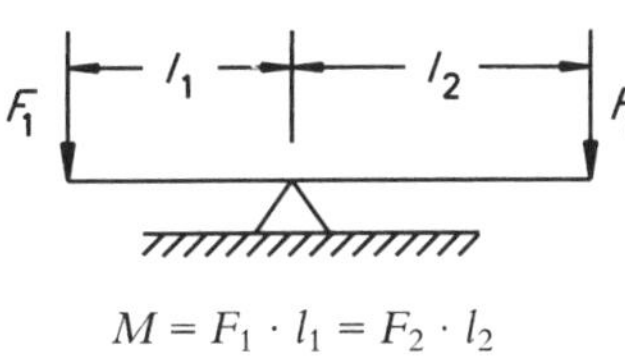

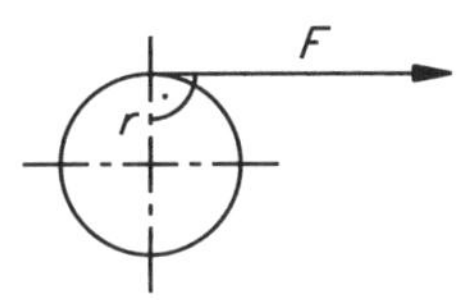

$M = F_1 \cdot l_1 = F_2 \cdot l_2$ $M = F \cdot r$ N · m

5.3 Übersetzung, Getriebe

Die Umfangsgeschwindigkeit der Räder ist gleich.

Übersetzungsverhältnis: $i = \frac{n_1}{n_2} = \frac{d_2}{d_1} = \frac{Z_2}{Z_1}$

Index 1 treibendes Rad
Index 2 getriebenes Rad

Übersetzung mit Schneckengetriebe: $\frac{n_S}{n_R} = \frac{Z_R}{g_S}$

n_S Umdrehungsfrequenz der Schnecke
n_R Umdrehungsfrequenz des Schneckenrades
g_S Gangzahl der Schnecke
Z_R Zähnezahl des Schneckenrades

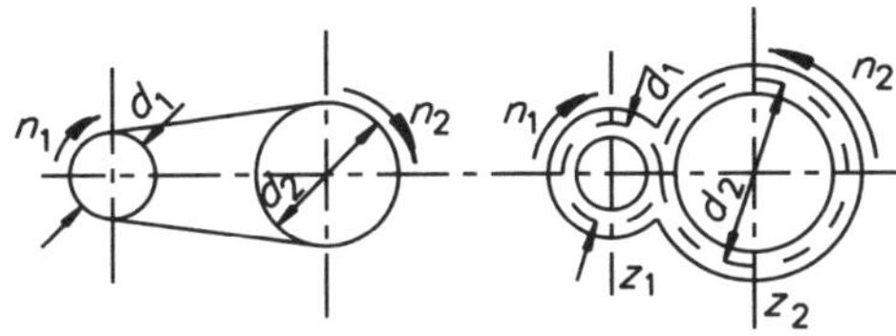

5.4 Masse (Gewicht), Dichte, Volumen

Masse (Gewicht) eines Körpers: $m = V \cdot \rho$ kg
V Volumen in dm^3
ρ Dichte in kg/dm^3

Gewichtskraft: $G = m \cdot g = V \cdot \rho \cdot g$ N
$g \approx 9{,}81\ m/s^2$ Erdbeschleunigung

Drahtmasse (Drahtgewicht): $m = A \cdot l \cdot \rho \cdot 10^{-3}$ kg;
A Drahtquerschnitt in mm^2
l Drahtlänge in m
ρ Dichte in kg/dm^3

5.5 Drahtlänge einer Spule

Rundspule

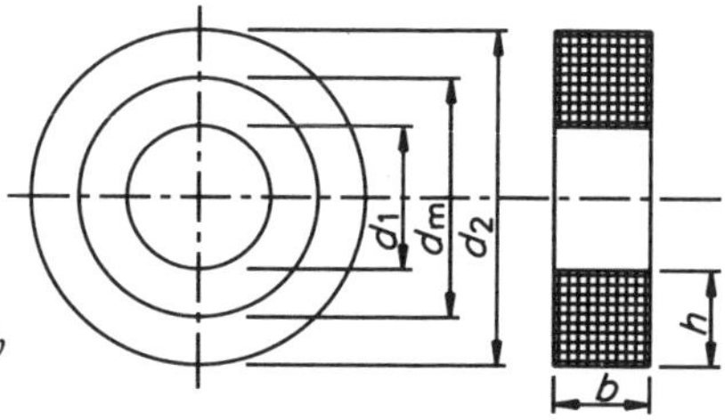

Wickelhöhe: $$h = \frac{d_2 - d_1}{2}$$

mittlerer Windungsdurchmesser: $$d_m = \frac{d_2 + d_1}{2} = d_1 + h$$

mittlere Windungslänge: $l_m = \pi \cdot d_m$

Drahtlänge: $l = l_m \cdot N$

N Windungszahl

Rechteckspule (symmetrisch)

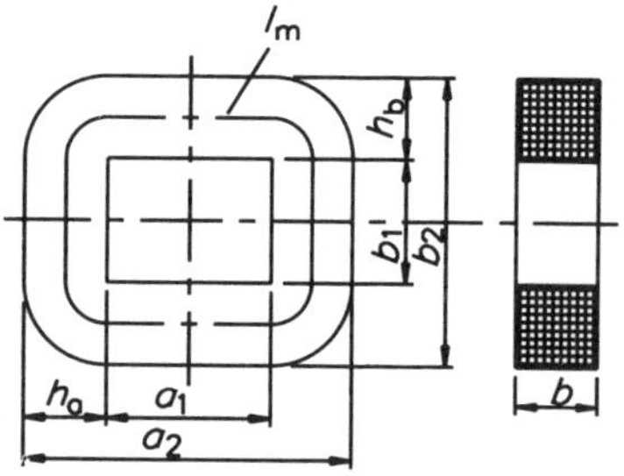

Wickelhöhe: $$h_a = h_b = h = \frac{a_2 - a_1}{2} = \frac{b_2 - b_1}{2}$$

mittlere Windungslänge: $l_m = 2 \cdot (a_1 + b_1) + \pi \cdot h$

Drahtlänge: $l = l_m \cdot N$

Leiterquerschnitt: $$A_1 = \frac{d^2 \cdot \pi}{4}$$

gesamte Leiterquerschnittsfläche: $A_L = A_1 \cdot N$

Wickelfläche: $A_W = b \cdot h$

Füllfaktor: $$f = \frac{A_L}{A_W}$$

5.6 Kinematik

Geschwindigkeit: $v = \frac{s}{t} = \frac{\Delta s}{\Delta t}$ $\frac{\text{m}}{\text{s}}$; $\left(1\frac{\text{m}}{\text{s}} = 3{,}6\frac{\text{km}}{\text{h}}\right)$

s, Δs Wegstrecke in m

t, Δt Zeitspanne in s

Beschleunigung (gleichförmig aus dem Ruhezustand, $v_1 = 0$):

$$a = \frac{v_2}{t} = \frac{2 \cdot s}{t^2} \quad \frac{\text{m}}{\text{s}^2}$$

v_2 Endgeschwindigkeit in $\frac{\text{m}}{\text{s}}$

t Beschleunigungsdauer in s

s Beschleunigungsstrecke in m

mittlere Geschwindigkeit:

$$v_{\text{m}} = \frac{v_2}{2} = \frac{a \cdot t}{2} \quad \frac{\text{m}}{\text{s}}$$

Beschleunigung von Anfangsgeschwindigkeit v_1 auf v_2:

$$a = \frac{\Delta v}{\Delta t} = \frac{v_2 - v_1}{t_2 - t_1} \quad \frac{\text{m}}{\text{s}^2}$$

Endgeschwindigkeit nach freiem Fall ($v_1 = 0$):

$$v_2 = g \cdot t = \frac{2 \cdot h}{t} \quad \frac{\text{m}}{\text{s}}$$

$g \approx 9{,}81\,\frac{\text{m}}{\text{s}^2}$ Erdbeschleunigung

h Fallhöhe in m

Drehende Bewegung

Winkelgeschwindigkeit: $\omega = 2 \cdot \pi \cdot n$ $\quad \text{s}^{-1} = \text{Hz}$

n Umdrehungsfrequenz in $\text{s}^{-1} = \text{Hz}$

Umfangsgeschwindigkeit: $v = d \cdot \pi \cdot n = \omega \cdot r$ $\quad \frac{\text{m}}{\text{s}}$

d Durchmesser in m

r Radius in m

Winkelbeschleunigung: $\varepsilon = \frac{\Delta\omega}{\Delta t}$ $\quad \text{s}^{-2}$

5.7 Dynamisches Grundgesetz

Kraft, Trägheitskraft $F = m \cdot a$ — $1\,\text{N} = 1\,\frac{\text{kg} \cdot \text{m}}{\text{s}^2}$

m Masse des Körpers in kg

a Beschleunigung in m/s^2

Drehende Bewegung

Trägheitsmoment: $J = m \cdot r^2$ — $\text{kg} \cdot \text{m}^2$

r Trägheitsradius in m

Fliehkraft: $F = m \cdot r \cdot \omega^2$ — N

ω Winkelgeschwind. in $\text{s}^{-1} = \text{Hz}$

Drehmoment: $M = J \cdot \varepsilon$ — $\text{N} \cdot \text{m}$

Energie der Bewegung, kinetische Energie

geradlinige Bewegung (translatorische Bewegung):

$$W_K = \frac{m \cdot v^2}{2}$$

$1\,\text{J} = 1\,\text{W} \cdot \text{s} = 1\,\text{N} \cdot \text{m}$

ε Winkelbeschleunigung in s^{-2}

drehende Bewegung (rotatorische Bewegung):

$$W_K = \frac{J \cdot \omega^2}{2}$$

m Masse in kg
v Geschwindigkeit in m/s
J Trägheitsmoment in $\text{kg} \cdot \text{m}^2$
ω Winkelgeschwind. in $\text{s}^{-1} = \text{Hz}$

Energie der Lage, potentielle Energie:

$$W_P = F \cdot s = G \cdot \Delta h$$

$1\,\text{J} = 1\,\text{W} \cdot \text{s} = 1\,\text{N} \cdot \text{m}$

G Gewichtskraft in N

Δh Höhendifferenz in m

mechanische Leistung geradlinige Bewegung:

$$P = F \cdot v = \frac{F \cdot s}{t}$$

$1\,\frac{\text{J}}{\text{s}} = 1\,\text{W} = 1\,\frac{\text{N} \cdot \text{m}}{\text{s}}$

drehende Bewegung:

F Antriebskraft in N
v Geschwindigkeit in m/s
s Wegstrecke in m
t Zeit in s
ω Winkelgeschw. in $\text{s}^{-1} = \text{Hz}$
M Drehmoment in $\text{N} \cdot \text{m}$
n Umdrehungsfrequenz in $\text{s}^{-1} = \text{Hz}$

$$P = M \cdot \omega = 2 \cdot \pi \cdot M \cdot n$$

$$P = \frac{2 \cdot \pi}{60} \cdot M \cdot n = \frac{M \cdot n}{9{,}55}$$

mit *n* in min^{-1}

6 Grundbegriffe der Elektrotechnik (Gleichstromtechnik)

Berechnete Größe	Formel	Einheit, Erklärung

elektrische Ladung
Elektrizitätsmenge:

$$Q = I \cdot t = I_{AV} \cdot t$$

1 C = 1 A · s (Coulomb)
I_{AV} = arithmetischer Mittelwert bei Mischstrom

linearer elektrischer Widerstand,
ohmscher Widerstand:

$$R = \frac{U}{I} = \frac{u}{i}$$

$1\,\Omega = 1\,\frac{\mathrm{V}}{\mathrm{A}}$ (Ohm)

differentieller elektrischer Widerstand
(bei nichtlinearem Widerstand):

$$r = \frac{\Delta U}{\Delta I}$$

$1\,\Omega = 1\,\frac{\mathrm{V}}{\mathrm{A}}$ (Ohm)

elektrischer Leitwert:

$$G = \frac{I}{U} = \frac{1}{R}$$

$1\,\mathrm{S} = 1\,\frac{\mathrm{A}}{\mathrm{V}}$ (Siemens)

Spannung am ohmschen Widerstand (linearer Widerstand)
(Ohmsches Gesetz):

$$U = I \cdot R = \frac{I}{G}$$

V (Volt)

Strom im ohmschen Widerstand
(Ohmsches Gesetz):

$$I = \frac{U}{R} = U \cdot G$$

A (Ampere)

elektrische Leistung:

$$P = U \cdot I = U_{RMS} \cdot I_{RMS}$$

1 W = 1 V · A (Watt)
U_{RMS}, I_{RMS} = Effektivwerte bei Wechsel- und Mischstrom

Leistung am linearen Widerstand:

$$P = I^2 \cdot R = \frac{U^2}{R}$$

Leistung nach Spannungsänderung
bei R = konstant:

$$P_2 = P_1 \cdot \left(\frac{U_2}{U_1}\right)^2$$

Leistung nach Stromänderung
bei R = konstant:

$$P_2 = P_1 \cdot \left(\frac{I_2}{I_1}\right)^2$$

elektrische Arbeit bei Gleichstrom: $W = U \cdot I \cdot t = U \cdot Q$ $\quad 1\,\text{J} = 1\,\text{V} \cdot \text{A} \cdot \text{s}$ (Joule)

allgemein: $W = P \cdot t$

spezifischer elektrischer Widerstand:

$$\rho = \frac{R \cdot A}{l}$$

bei metallischen Werkstoffen (Drähten):
Länge l in m; Querschnitt A in mm² $\quad \frac{\Omega \cdot \text{mm}^2}{\text{m}}$

bei anderen Stoffen:
Länge l in cm (m); Querschnitt A in cm² (m²) $\quad 1\,\frac{\Omega \cdot \text{cm}^2}{\text{cm}} = 1\,\Omega \cdot \text{cm}$

$$1\,\frac{\Omega \cdot \text{mm}^2}{\text{m}} = 10^{-4}\,\Omega \cdot \text{cm} = 10^{-6}\,\Omega \cdot \text{m}$$

elektrische Leitfähigkeit:
Länge l in m; Querschnitt A in mm²

$$\gamma \text{ oder } \kappa = \frac{l}{R \cdot A} \qquad 1\,\frac{\text{m}}{\Omega \cdot \text{mm}^2} = 1\,\frac{\text{S} \cdot \text{m}}{\text{mm}^2}$$

(Tabelle 21.1)

Leiterwiderstand
Länge l in m;
Querschnitt A in mm²

$$R = \frac{\rho \cdot l}{A} = \frac{l}{\kappa \cdot A}$$

Stromdichte: $J \text{ oder } S = \frac{I}{A}$ $\quad 1\,\text{A/m}^2 = 10^{-6}\,\text{A/mm}^2$

Von einem Gleichstrom in einem Elektrolysebad ausgeschiedene Stoffmenge

$$m = I \cdot t \cdot c$$

g (mg)
I Gleichstrom in A (bei Mischstrom arithmetischer Mittelwert I_{AV})
t Zeit in s
c elektrochemisches Äquivalent in $\frac{\text{g}}{\text{A} \cdot \text{s}}$ oder $\frac{\text{mg}}{\text{A} \cdot \text{s}}$ (Tabelle 21.1)

7 Schaltungen mit ohmschen Widerständen

7.1 Gesetze der Parallelschaltung

Kirchhoffsches Knotenpunkt- oder Stromverzweigungsgesetz allgemein:
In jedem Stromverzweigungspunkt (Knotenpunkt) ist die Summe aller Ströme in jedem Augenblick gleich null.

Anmerkung:

Unterliegen die Ströme zeitlichen Änderungen, gilt dieses nur für die Augenblickswerte oder, bei sinusförmigen Strömen gleicher Frequenz, wenn die Addition nach Betrag und Richtung erfolgt.

Bei Gleichströmen: $I_1 + I_2 + I_3 - I_4 = 0$

oder allgemein: $i_1 + i_2 + i_3 - i_4 = 0$

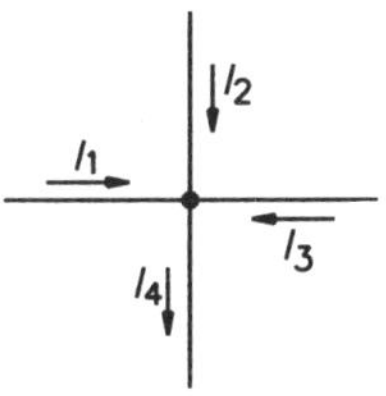

In einer Parallelschaltung von Widerständen gilt:
Die Summe aller zufließenden Ströme ist gleich der Summe aller abfließenden Ströme.

Gesamtstrom: $I = I_1 + I_2 + I_3$

Ersatzwiderstand: $$R = \frac{1}{\frac{1}{R_1} + \frac{1}{R_2} + \frac{1}{R_3}}$$

Ersatzleitwert: $G = G_1 + G_2 + G_3$

Verhältnisse: $$\frac{I_1}{I_2} = \frac{R_2}{R_1}$$

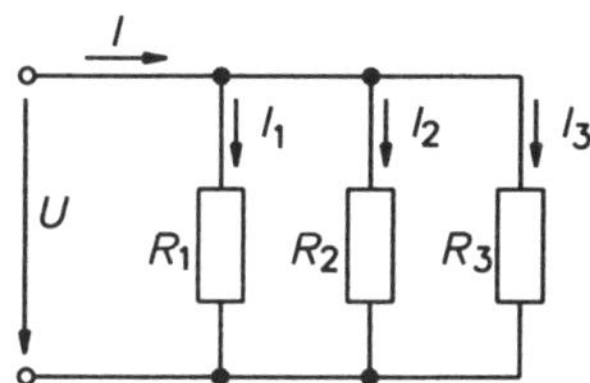

7.2 Gesetze der Reihenschaltung

Kirchhoffsches Maschengesetz allgemein:
In jeder Masche (Stromkreis) ist die Summe aller Spannungen in jedem Augenblick gleich null.

Anmerkung:
Unterliegen diese Spannungen zeitlichen Änderungen, gilt dieses nur für die Augenblickswerte oder, bei sinusförmigen Spannungen gleicher Frequenz, wenn die Addition nach Betrag und Richtung erfolgt.

Bei Gleichspannungen: $U_1 + U_2 + U_3 - U_{01} - U_{02} = 0$
oder allgemein: $u_1 + u_2 + u_3 - u_{01} - u_{02} = 0$

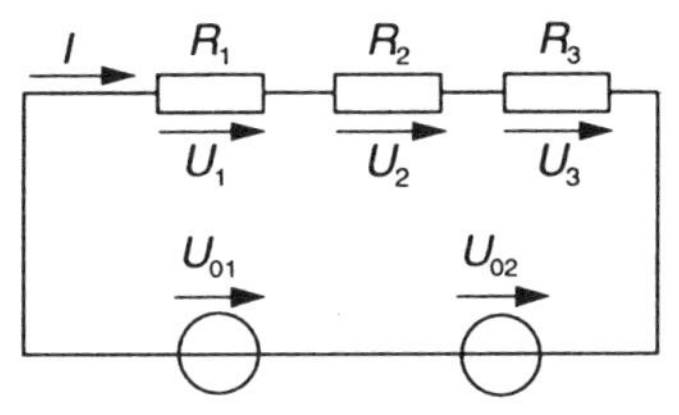

In einer Reihenschaltung von Widerständen gilt:

Gesamtspannung: $U = U_1 + U_2 + U_3$

Ersatzwiderstand: $R = R_1 + R_2 + R_3$

Verhältnisse: $\frac{U_1}{U_2} = \frac{R_1}{R_2}$

7.3 Ersatzschaltbild einer Spannungsquelle

mit linearem Innenwiderstand R_i und Urspannung U_0
Innenwiderstand: $R_i = \frac{U_0 - U_Q}{I_L} = \frac{\Delta U_Q}{\Delta I_L}$

Kurzschlussstrom: $I_K = \frac{U_0}{R_i}$

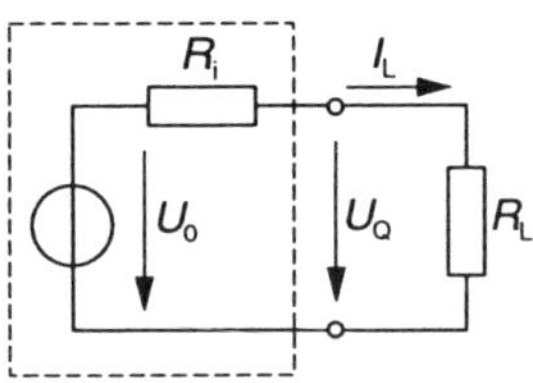

Ausgangsspannung: $U_Q = U_0 - I_L \cdot R_i$

maximale Leistungsabgabe bei *Leistungsanpassung*:

$$R_L = R_i$$

$$P_{Q\,max} = \frac{U_0^2}{4 \cdot R_i}$$

7.4 Spannungsteiler

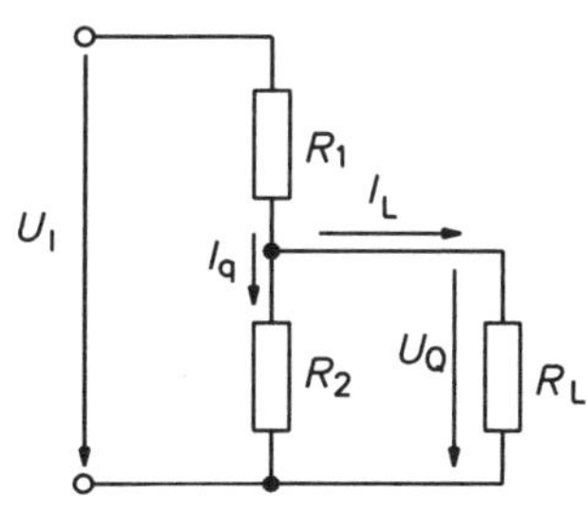

unbelasteter Ausgang oder $R_L \gg R_2$ oder $I_L \ll I_q$

Ausgangsspannung: $$U_{Q0} = U_I \cdot \frac{R_2}{R_1 + R_2}$$

belasteter Ausgang bei gegebenem Lastwiderstand R_L

Ausgangsspannung: $$U_Q = U_I \cdot \frac{R_{ers}}{R_1 + R_{ers}}$$

mit dem Ersatzwiderstand: $$R_{ers} = \frac{1}{\frac{1}{R_2} + \frac{1}{R_L}}$$

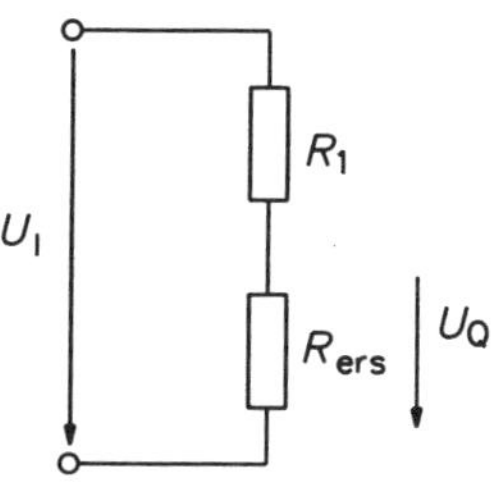

belasteter Ausgang bei gegebenem Laststrom I_L

Ausgangsspannung: $$U_Q = U_0 - I_L \cdot R_i$$

darin ist die Leerlaufspannung: $$U_0 = U_I \cdot \frac{R_2}{R_1 + R_2}$$

und der Innenwiderstand: $$R_i = \frac{1}{\frac{1}{R_1} + \frac{1}{R_2}}$$

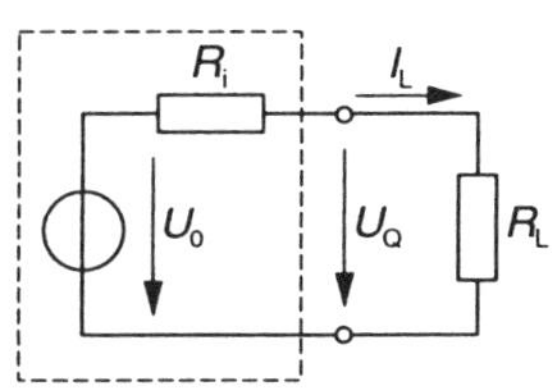

Berechnung der Spannungsteilerwiderstände für eine relativ stabile Ausgangsspannung bei Belastung

Richtwert für den Querstrom $I_q \approx 3 \ldots 10 \cdot I_L$

Längswiderstand: $$R_1 = \frac{U_I - U_Q}{I_L + I_q}$$

Querwiderstand: $$R_2 = \frac{U_Q}{I_q}$$

Berechnung der Spannungsteilerwiderstände über das Ersatzschaltbild

aus Leerlaufspannung U_0 und Innenwiderstand R_i

Längswiderstand: $$R_1 = R_i \cdot \frac{U_I}{U_0}$$

Querwiderstand: $$R_2 = R_i \frac{U_I}{U_I - U_0}$$

7.5 Wheatstone-Brückenschaltung

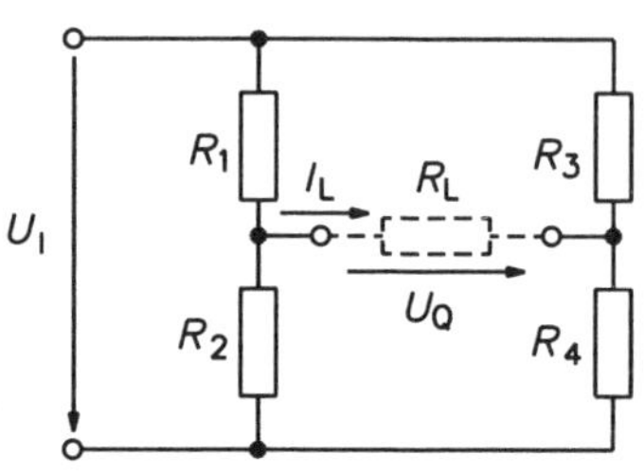

Abgleichbedingung für Diagonalspannung $U_Q = 0$:

$$\frac{R_1}{R_2} = \frac{R_3}{R_4} \quad \text{oder}$$

$$R_1 \cdot R_4 = R_2 \cdot R_3$$

Diagonalspannung bei nicht abgeglichener Brücke

a) bei unbelastetem Diagonalzweig ($R_L = \infty$):

Spannung an R_2: $$U_{02} = U_I \cdot \frac{R_2}{R_1 + R_2}$$

Spannung an R_4: $$U_{04} = U_I \cdot \frac{R_4}{R_3 + R_4}$$

Diagonalspannung: $$U_{Q0} = U_{02} - U_{04}$$

b) Strom im Diagonalzweig bei Belastung mit einem Widerstand R_L:

$$I_L = \frac{U_{Q0}}{R_{i1} + R_{i2} + R_L}$$

mit den Innenwiderständen:

$$R_{i1} = \frac{1}{\frac{1}{R_1} + \frac{1}{R_2}}$$

und:

$$R_{i2} = \frac{1}{\frac{1}{R_3} + \frac{1}{R_4}}$$

Ersatzschaltbild

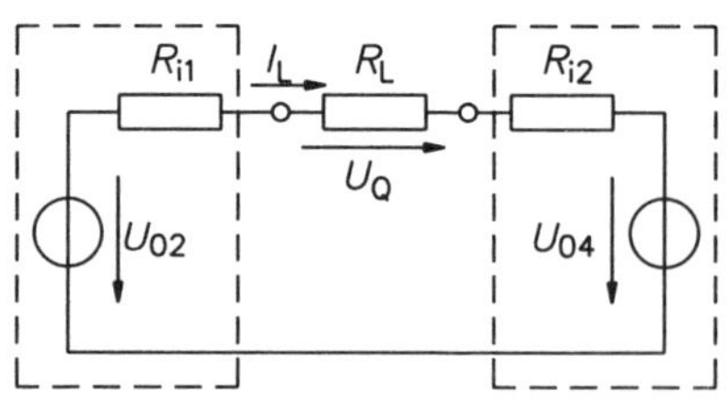

8 Temperaturbeiwert des elektrischen Widerstands

Berechnete Größe	Formel	Einheit, Erklärung
Temperaturbeiwert (oder -koeffizient) des elektrischen Widerstands: (Tabelle 21.1)	α_{20} oder $\alpha = \frac{\Delta R}{R_1 \cdot \Delta\vartheta}$	$\frac{1}{\mathrm{K}} = 1 \frac{\Omega}{\Omega \cdot \mathrm{K}}$
Widerstandsänderung:	$\Delta R = R_2 - R_1$	Ω R_1 (R_{20}) Bezugswiderstand bei $\vartheta_1 = 20\,°\mathrm{C}$ R_2 Widerstand bei der Temperatur ϑ_2
Temperaturänderung:	$\Delta\vartheta = \vartheta_2 - \vartheta_1$	K (Kelvin)
	$\Delta\vartheta = \vartheta_2 - 20\,°\mathrm{C}$	ϑ_2 Temperatur bei R_2 ϑ_1 Bezugstemperatur, auf die der Temperaturbeiwert bezogen ist, meist $\vartheta_1 = 20\,°\mathrm{C}$
Widerstandsänderung durch Temperatureinfluss:	$\Delta R = R_1 \cdot \alpha \cdot \Delta\vartheta$	Ω
Widerstand nach Temperaturänderung:	$R_2 = R_1 + \Delta R$	Ω
oder	$R_2 = R_1 \cdot (1 + \alpha \cdot \Delta\vartheta)$	
Temperaturänderung aus der Widerstandsänderung:	$\Delta\vartheta = \frac{R_2 - R_1}{R_1 \cdot \alpha}$	K

9 Elektrisches Feld, elektrische Kapazität (Kondensator)

Berechnete Größe	Formel	Einheit, Erklärung
Elektrische Feldstärke zwischen planparallelen Platten mit dem Abstand l (homogenes elektr. Feld):		
	$E = \frac{U}{l}$	V/m oder V/cm oder V/mm 1 V/m = 10^{-2} V/cm = 10^{-3} V/mm
Durchschlagfestigkeit:	$E_D = \frac{U_D}{l}$	bei trockener Luft $E_D \geqq 25 \cdot 10^3$ V/cm
Kapazität von Kondensatoren:	$C = \frac{Q}{U} = \frac{I \cdot t}{U}$	$1\text{ F} = 1\ \frac{\text{A} \cdot \text{s}}{\text{V}}$ (Farad)
im Kondensator gespeicherte elektrische Ladung:		
	$Q = U \cdot C$	1 C = 1 A · s = 1 V · F (Coulomb)
Kapazität zwischen planparallelen Platten:	$C = \varepsilon \cdot \frac{A}{l} = \varepsilon_0 \cdot \varepsilon_r \cdot \frac{A}{l}$	F
Permittivität:	$\varepsilon = \varepsilon_0 \cdot \varepsilon_r$	$\varepsilon_0 \approx 8{,}85 \cdot 10^{-12}$ F/m elektrische Feldkonstante ε_r Permittivitätszahl des Dielektrikums A in m² Fläche des Dielektrikums l in m Dicke des Dielektrikums
Energie des elektrischen Feldes in einem Kondensator:		
	$W = \frac{1}{2} \cdot C \cdot U^2$	1 J = 1 W · s = 1 F · V²

Strom in einem Kondensator (bei linearer Spannungsänderung):

$$i_0 = C \cdot \frac{\Delta u}{\Delta t}$$

C Kapazität in F

Δu Spannungsänderung in V
Δt Zeitintervall in s

10 Magnetisches Feld, Induktivität (Spule)

Berechnete Größe	Formel	Einheit, Erklärung

10.1 Magnetische Größen

Berechnete Größe	Formel	Einheit, Erklärung
Elektrische Durchflutung einer Spule mit *N* Windungen (magnetische Urspannung):	$\Theta = I \cdot N$	A (Ampere)
magnetische Feldstärke:	$H = \frac{\Theta}{l} = \frac{I \cdot N}{l}$	A/m
magnetische Spannung (magn. Spannungsfall):	$V = H \cdot l$	A (Ampere)
magnetische Flussdichte (Induktion):	$B = \frac{\Phi}{A}$	$1\ \mathrm{T} = 1 \frac{\mathrm{V \cdot s}}{\mathrm{m^2}}$ (Tesla)
	$B = \mu \cdot H = \mu_0 \cdot \mu_r \cdot H$	$\mu_0 = 4 \cdot \pi \cdot 10^{-7} \frac{\mathrm{V \cdot s}}{\mathrm{A \cdot m}}$ $\mu_0 \approx 1{,}257 \cdot 10^{-6}\ \mathrm{H/m}$ magnetische Feldkonstante μ_r Permeabilitätszahl des magnetischen Kreises
Permeabilität:	$\mu = \mu_0 \cdot \mu_r$	$1 \frac{\mathrm{V \cdot s}}{A \cdot \mathrm{m}} = 1 \frac{H}{\mathrm{m}}$
magnetischer Fluss:	$\Phi = B \cdot A$	$1\ \mathrm{Wb} = 1\ \mathrm{T \cdot m^2} = 1\ \mathrm{V \cdot s}$ (Weber)
	$\Phi = \frac{\Theta}{R_m}$	*B* mittlere Induktion in T *A* Durchtrittsfläche in $\mathrm{m^2}$ Θ elektr. Durchflutung in A R_m magn. Widerstand in $\mathrm{H^{-1}}$ *l* mittlere Feldlinienlänge in m
magnetischer Widerstand (Reluktanz) eines Abschnitts in einem magnetischen Kreis:	$R_m = \frac{l}{\mu_0 \cdot \mu_r \cdot A}$	$1\ \mathrm{H^{-1}} = 1 \frac{\mathrm{A}}{\mathrm{V \cdot s}}$
magnetischer Leitwert, Spulenkonstante, A_L-Wert (Permeanz):	$\Lambda = A_L = \frac{1}{R_m} = \frac{\Phi}{\Theta} = \frac{\mu_0 \cdot \mu_r \cdot A}{l}$	$1\ \mathrm{H} = 1 \frac{\mathrm{V \cdot s}}{\mathrm{A}} = 1 \frac{\mathrm{Wb}}{\mathrm{A}}$ (Henry)

In eine Spule mit N Windungen induzierte Spannung
a) durch eine magnetische Flussänderung,
Induktionsgesetz:

$$u_0 = N \cdot \frac{\Delta\Phi}{\Delta t} \qquad 1\,\text{V} = 1\,\frac{\text{Wb}}{\text{s}}$$

b) durch Stromänderung,
Selbstinduktion:

$$u_0 = L \cdot \frac{\Delta i}{\Delta t} \qquad 1\,\text{V} = 1\,\frac{\text{H} \cdot \text{A}}{\text{s}}$$

Induktivität:

$$L = \frac{u_0 \cdot \Delta t}{\Delta i} \qquad 1\,\text{H} = 1\,\frac{\text{V} \cdot \text{s}}{\text{A}}$$

Induktivität einer Spule
mit N Windungen:

$$L = \frac{\mu_0 \cdot \mu_r \cdot A \cdot N^2}{l} = \frac{N^2}{R_m} = N^2 \cdot A_L$$

A Eisenquerschnitt in m^2
R_m magn. Widerstand in H^{-1}
l mittlere Feldlinienlänge in m
B magnetische Flussdichte

durch Bewegung in einen
Leiter der Länge l in einem
Magnetfeld induzierte Spannung:

$$u_0 = B \cdot l \cdot v \qquad 1\,\text{V} = 1\,\text{T} \cdot \text{m} \cdot \text{m/s}$$

Energie des magnetischen Feldes
einer Spule:

$$W = \frac{1}{2} \cdot L \cdot I^2 \qquad 1\,\text{J} = 1\,\text{W} \cdot \text{s} = 1\,\text{H} \cdot \text{A}^2$$

10.2 Kraftwirkung des magnetischen Feldes

Stromdurchflossener Leiter
der Länge l im homogenen
Magnetfeld:

$$F = B \cdot l \cdot I \cdot z \qquad 1\,\text{N} = 1\,\text{T} \cdot \text{m} \cdot \text{A}$$

z Leiterzahl

Kraft zwischen Polflächen
(im Luftspalt) eines Elektromagneten
für Gleichstrom:

$$F \approx \frac{B_L^2 \cdot A}{2 \cdot \mu_0} \qquad 1\,\text{N} = 1\,\frac{\text{T}^2 \cdot \text{m}^2}{\frac{\text{V} \cdot \text{s}}{\text{A} \cdot \text{m}}}$$

für Wechselstrom:

$$F \approx \frac{\hat{B}_L^2 \cdot A}{4 \cdot \mu_0}$$

B_L Flussdichte im Luftspalt
$\hat{B}_L$ Scheitelwert der Flussdichte im Luftspalt
A Polflächen in m^2

10.3 Magnetisierungskennlinien

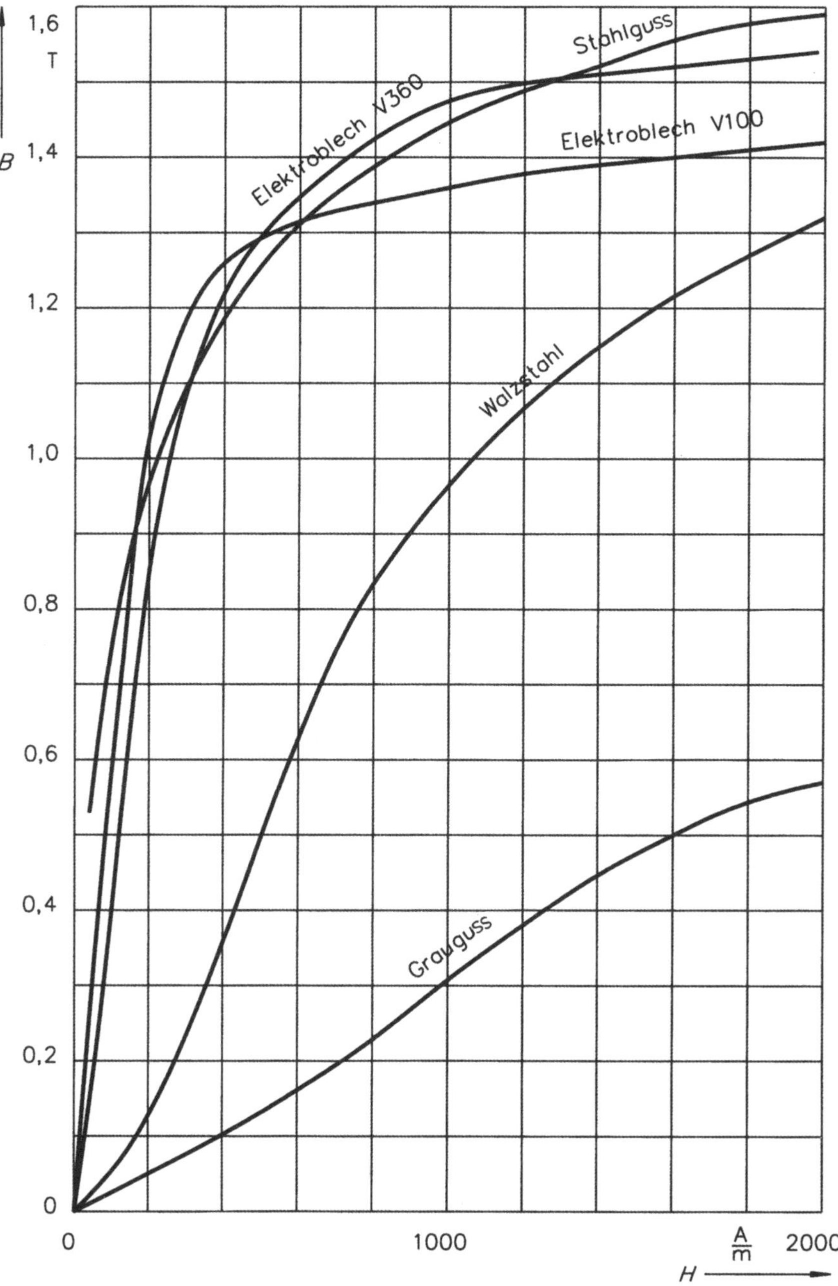

11 Wechselstromtechnik

Berechnete Größe	Formel	Einheit, Erklärung

11.1 Wechselstromgrößen

Frequenz: $f = \frac{1}{T}$ $1\ \text{Hz} = \text{s}^{-1}$

Kreisfrequenz: $\omega = 2 \cdot \pi \cdot f$ $1\ \text{Hz} = \text{s}^{-1}$

Liniendiagramm

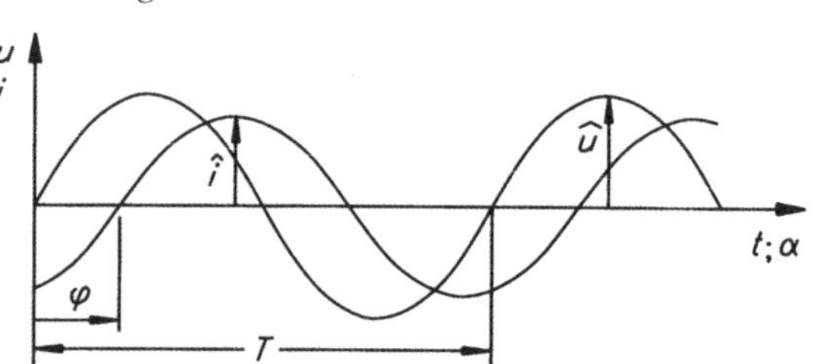

Zeigerdiagramm

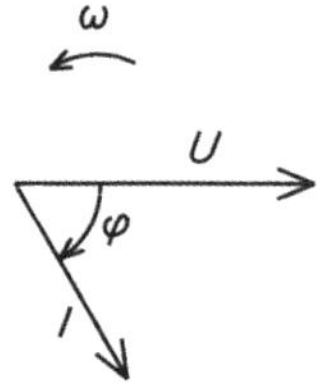

Augenblickswert, Momentanwert bei sinusförmiger Spannung:

$$u = \hat{u} \cdot \sin \alpha = \hat{u} \cdot \sin(\omega \cdot t)$$ V

bzw. Strom:

$$i = \hat{\imath} \cdot \sin(\alpha - \varphi) = \hat{\imath} \cdot \sin(\omega \cdot t - \varphi)$$ A

Induktiver Widerstand, Blindwiderstand: $X_L = 2 \cdot \pi \cdot f \cdot L = \omega \cdot L$ $1\ \Omega = 1\ \text{Hz} \cdot \text{H}$

Kapazitiver Widerstand, Blindwiderstand:

$$X_C = \frac{1}{2 \cdot \pi \cdot f \cdot C}$$ $1\ \Omega = 1 \frac{\text{V}}{\text{A}}$

$$X_C = \frac{1}{\omega \cdot C}$$

Scheinwiderstand, Impedanz: $Z = \frac{U}{I}$ $1\ \Omega = 1 \frac{\text{V}}{\text{A}}$

Scheinleistung:	$S = U \cdot I = \frac{U^2}{Z} = I^2 \cdot Z$	1 W = 1 V · A oder VA
Wirkleistung:	$P = S \cdot \cos\varphi$ $P = U \cdot I \cdot \cos\varphi$ $P = \frac{U^2}{R} = I^2 \cdot R$	1 W = 1 V · A
Blindleistung:	$Q = U \cdot I \cdot \sin\varphi$	1 W = 1 V · A oder var
Blindleistung am Blindwiderstand:	$Q = \frac{U^2}{X} = I^2 \cdot X$	$1\ \text{W} = 1 \frac{\text{V}^2}{\Omega} = 1\ \text{A}^2 \cdot \Omega$ oder var

Elektrizitätszähler (Wirkverbrauchszähler)

Arbeit:	$W = \frac{n}{c_Z}$	kWh n Anzahl der Umdrehungen des Zählerläufers c_Z Zählerkonstante in $\frac{1}{\text{kWh}}$
Leistung:	$P = \frac{n}{c_Z \cdot t}$	kW t Messzeit in h

11.2 Zusammenschaltungen von Induktivitäten oder Kapazitäten

Reihenschaltung von Induktivitäten ohne gegenseitige Kopplung
Gesamtinduktivität:

$$L_\Sigma = L_1 + L_2 + L_3 \qquad \text{H}$$

induktiver Gesamtwiderstand:

$$X_\Sigma = X_{L1} + X_{L2} + X_{L3} \qquad \Omega$$

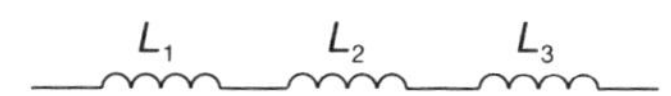

Parallelschaltung von Induktivitäten ohne gegenseitige Kopplung
Gesamtinduktivität:

$$L = \frac{1}{\frac{1}{L_1} + \frac{1}{L_2} + \frac{1}{L_3}} \qquad \text{H}$$

induktiver Gesamtwiderstand:

$$X_L = \frac{1}{\frac{1}{X_{L1}} + \frac{1}{X_{L2}} + \frac{1}{X_{L3}}} \qquad \Omega$$

Reihenschaltung von Kapazitäten
Gesamtkapazität:

$$C = \frac{1}{\frac{1}{C_1} + \frac{1}{C_2} + \frac{1}{C_3}} \qquad \text{F}$$

kapazitiver Gesamtwiderstand:

$$X_C = X_{C1} + X_{C2} + X_{C3} \qquad \Omega$$

Parallelschaltung von Kapazitäten
Gesamtkapazität:

$$C_\Sigma = C_1 + C_2 + C_3 \qquad \text{F}$$

kapazitiver Gesamtwiderstand:

$$X_{C\Sigma} = \frac{1}{\frac{1}{X_{C1}} + \frac{1}{X_{C2}} + \frac{1}{X_{C3}}} \qquad \Omega$$

11.3 Wechselstromschaltungen

11.3.1 Reihenschaltungen von R, X_L und X_C

Schaltung	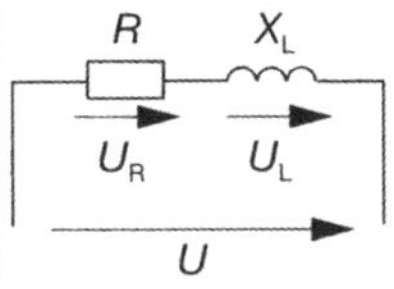	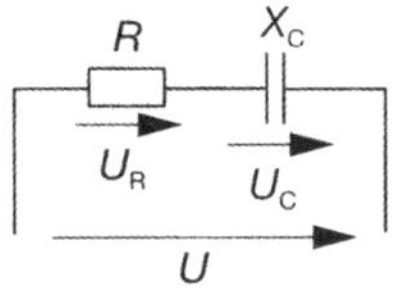	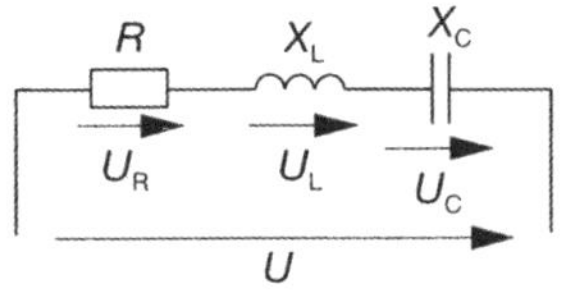
Zeigerbild	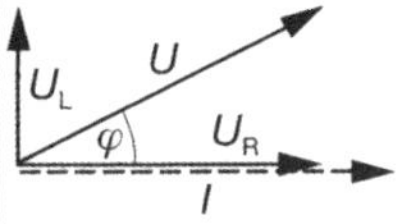	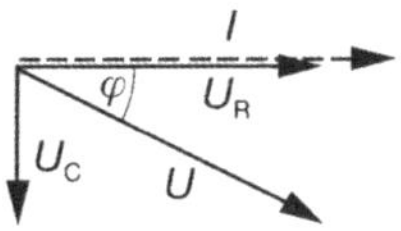	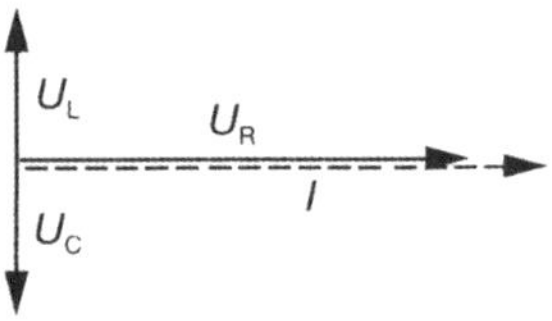
Spannungsdreieck $U^2 = U_R^2 + U_X^2$ $\sin\varphi = \frac{U_X}{U}$ $\cos\varphi = \frac{U_R}{U}$ $\tan\varphi = \frac{U_X}{U_R}$	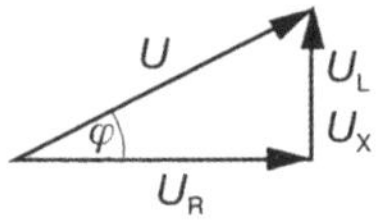	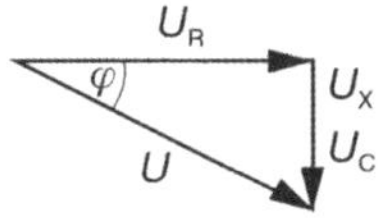	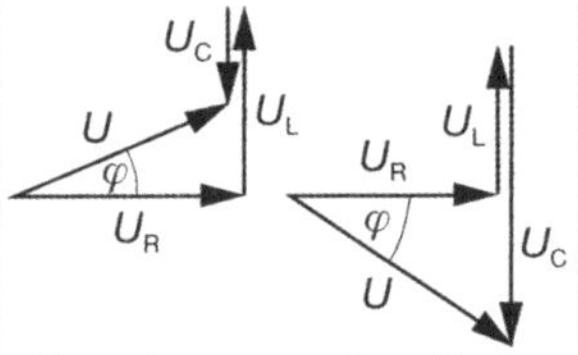 $U_L > U_C$ $\quad$ $U_L < U_C$ $U_X = U_L - U_C$ $\quad$ $U_X = U_C - U_L$
Leistungsdreieck $S^2 = P^2 + Q^2$ $\sin\varphi = \frac{Q}{S}$ $\cos\varphi = \frac{P}{S}$ $\tan\varphi = \frac{Q}{P}$	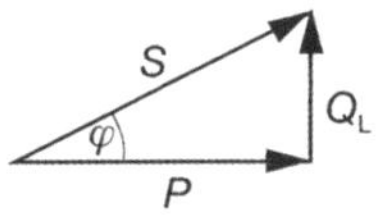	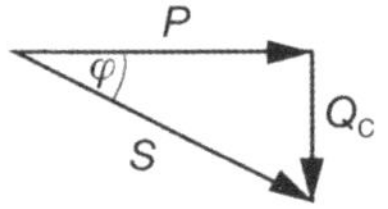	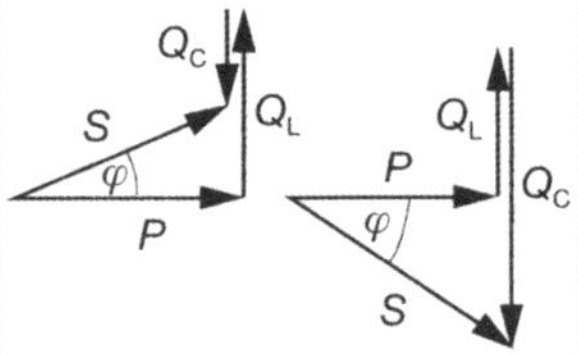 $Q_L > Q_C$ $\quad$ $Q_L < Q_C$ $Q = Q_L - Q_C$ $\quad$ $Q = Q_C - Q_L$
Widerstandsdreieck $Z^2 = R^2 + X^2$ $\sin\varphi = \frac{X}{Z}$ $\cos\varphi = \frac{R}{Z}$ $\tan\varphi = \frac{X}{R}$	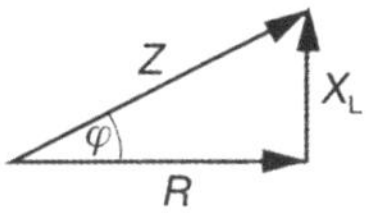	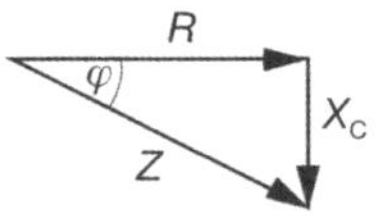	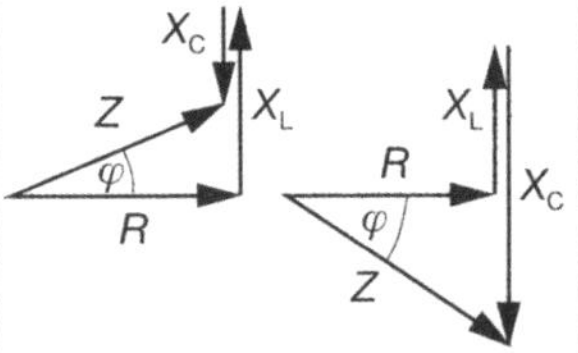 $X_L > X_C$ $\quad$ $X_L < X_C$ $X = X_L - X_C$ $\quad$ $X = X_C - X_L$
Wirkwiderstand R Resistanz	Blindwiderstand X Reaktanz		Scheinwiderstand Z Impedanz

11.3.2 Parallelschaltungen von R, X_L und X_C

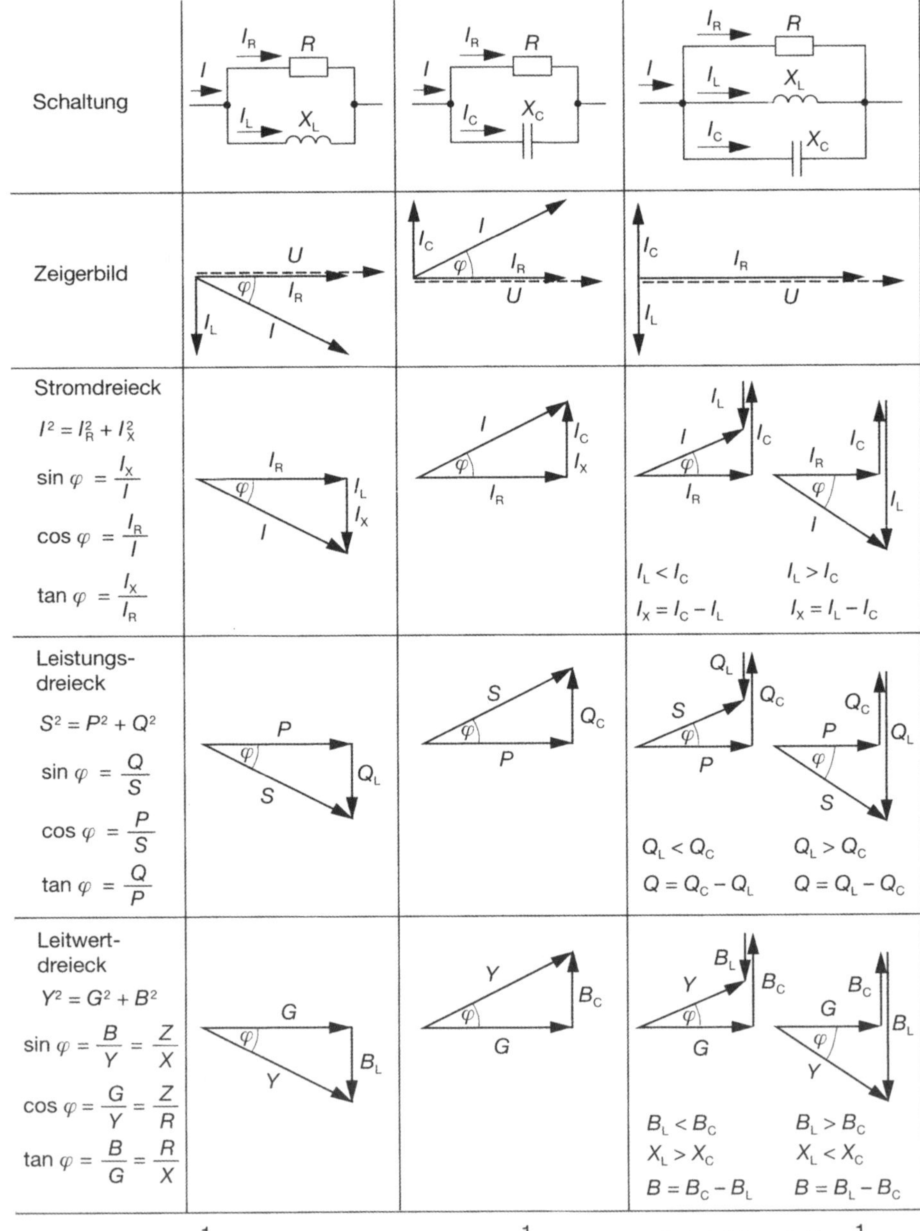

Wirkleitwert $G = \frac{1}{R}$	Blindleitwert $B = \frac{1}{X}$	Scheinleitwert $Y = \frac{1}{Z}$
Konduktanz	Suszeptanz	Admittanz

11.3.3 Blindleistungskompensation (Parallelkompensation)

Zu kompensierende Blindleistung
(bei Drehstrom gesamt):

$$Q_C = P_{zu} \cdot (\tan \varphi_1 - \tan \varphi_2)$$ W oder var
Phasenwinkel:
φ_1 ohne Kompensation
φ_2 mit Kompensation

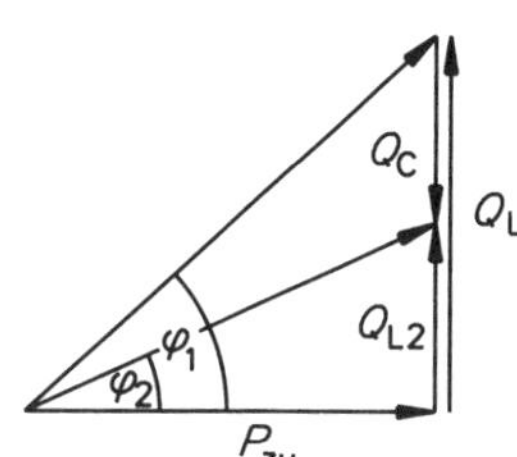

$$Q_C = Q_{L1} - Q_{L2}$$ W oder var
Blindleistung:
Q_{L1} ohne Kompensation
Q_{L2} mit Kompensation

Kapazität des Kompensationskondensators bei einphasigem Wechselstrom:

$$C = \frac{Q_C}{2 \cdot \pi \cdot f \cdot U_C^2}$$ F

$$C = \frac{Q_C}{\omega \cdot U_C^2}$$

Kapazität jedes Kondensators
bei Drehstrom:

$$C = \frac{Q_C}{3 \cdot 2 \cdot \pi \cdot f \cdot U_C^2}$$ F

$$C = \frac{Q_C}{3 \cdot \omega \cdot U_C^2}$$

Die Blindleistungskompensation eines Transformators ermöglicht eine Zusatzbelastung bei gleicher Scheinleistung S.
Blindleistung der Zusatzlast:

$$Q_{L2} = P_2 \cdot \tan \varphi_2$$

Blindleistung nach
Kompensation mit Zusatzlast:

$$Q_{L3} = (P_1 + P_2) \cdot \tan \varphi_3$$

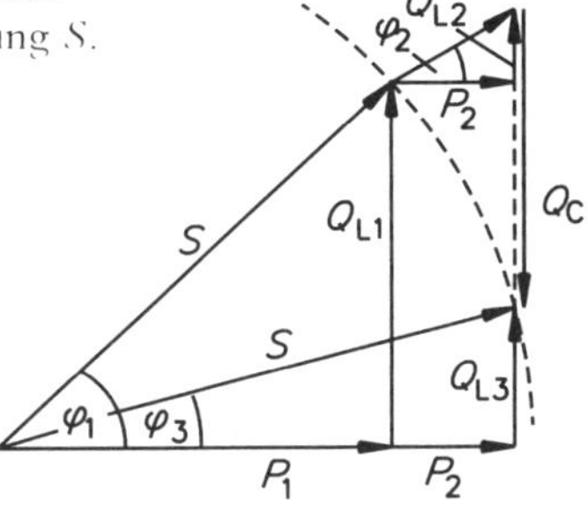

zu kompensierende
Blindleistung:

$$Q_C = Q_{L1} + Q_{L2} - Q_{L3}$$ W oder var
P_1, Q_{L1} bereits vorhandene Grundlast

11.3.4 Verbraucher am Dreiphasenwechselspannungsnetz (Drehstrom)

Sternschaltung:

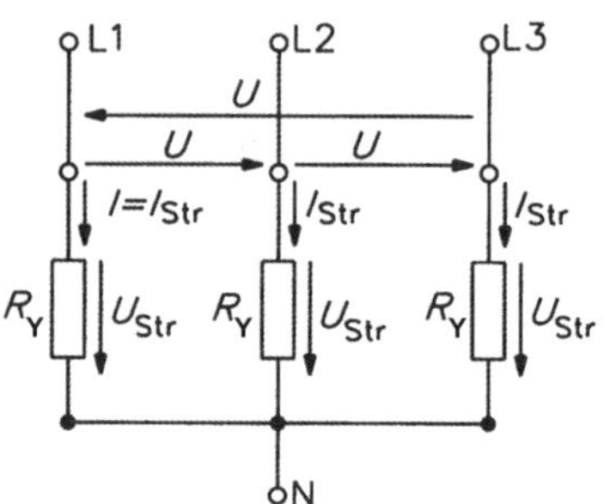

Dreieckschaltung:

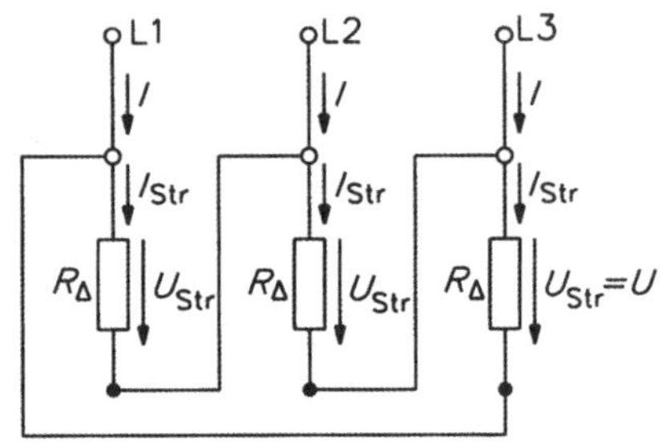

U und I Außenleiterwerte
R_Y, R_Δ, U_{str} und I_{str} Strangwerte

Sternschaltung	Dreieckschaltung
$U = \sqrt{3} \cdot U_{str}$ $I = I_{str}$	$U = U_{str}$ $I = \sqrt{3} \cdot I_{str}$

Symmetrische Last:

$$S = \sqrt{3} \cdot U \cdot I$$
$$P = \sqrt{3} \cdot U \cdot I \cdot \cos \varphi$$
$$Q = \sqrt{3} \cdot U \cdot I \cdot \sin \varphi$$

Unsymmetrische Last:
Wirkleistung je Strang: $P_{str} = U_{str} \cdot I_{str} \cdot \cos \varphi_{str}$

Gesamtwirkleistung: $P = P_{str_1} + P_{str_2} + P_{str_3}$

bei $R_Y = R_\Delta$ ist $P_Y = \frac{P_\Delta}{3}$ $I_Y = \frac{I_\Delta}{3}$	bei $P_Y = P_\Delta$ ist $I_Y = I_\Delta$ $R_Y = \frac{R_\Delta}{3}$

R_Y und R_Δ Strangwiderstände
I_Y und I_Δ Außenleiterströme

11.4 Vierpole an sinusförmiger Wechselspannung

11.4.1 Kapazitiver Spannungsteiler

Ausgangsspannung (unbelastet):

$$U_Q = U_I \cdot \frac{C_1}{C_1 + C_2}$$

11.4.2 Frequenzkompensierter ohmsch-kapazitiver Spannungsteiler

Bedingung für frequenzunabhängiges
Teilungsverhältnis:

$$R_1 \cdot C_1 = R_2 \cdot C_2 \quad \text{oder} \quad \frac{R_1}{R_2} = \frac{C_2}{C_1}$$

Ausgangsspannung (unbelastet):

$$U_Q = U_I \cdot \frac{R_2}{R_1 + R_2} = U_I \cdot \frac{C_1}{C_1 + C_2}$$

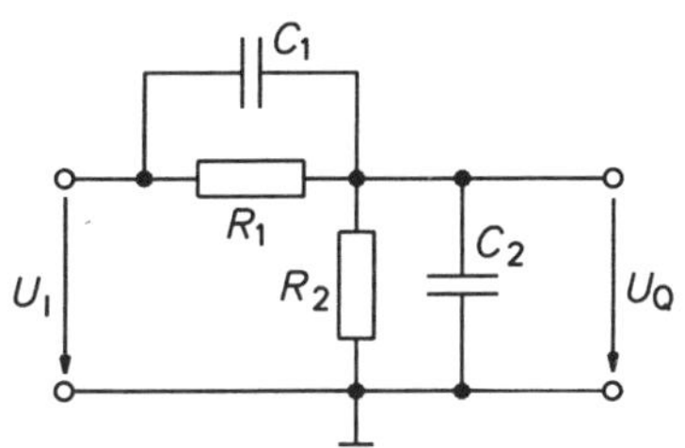

11.4.3 Hochpässe und Tiefpässe

Ausgangsspannung bei
Grenzfrequenz f_g:

$$U_Q = \frac{U_I}{\sqrt{2}}$$

RC- und *CR*-Glieder (1. Ordnung)
Bedingung für Grenzfrequenz:

$$R = X_C = \frac{1}{2 \cdot \pi \cdot f_g \cdot C} = \frac{1}{\omega_g \cdot C} \qquad \tau = R \cdot C$$

Grenzfrequenz:

$$f_g = \frac{1}{2 \cdot \pi \cdot R \cdot C} = \frac{1}{2 \cdot \pi \cdot \tau}$$

RC-Glied als Tiefpass:

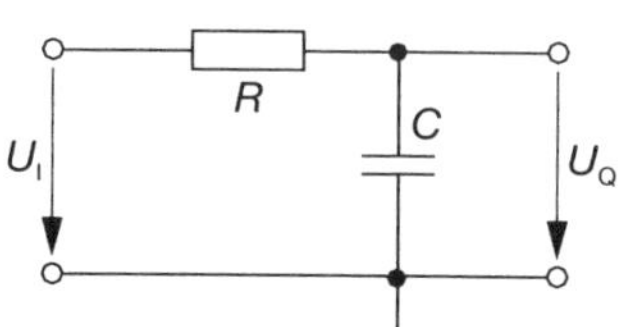

CR-Glied als Hochpass:

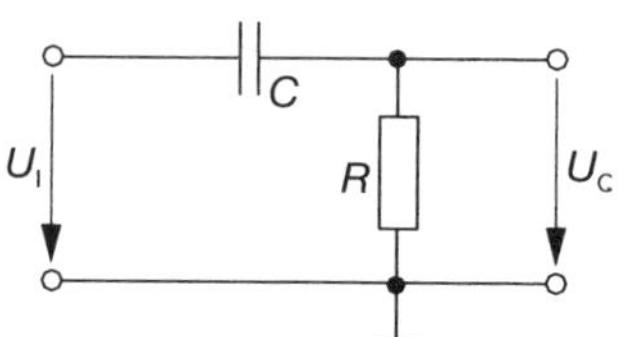

RL-Glied und *LR*-Glied (1. Ordnung)
Bedingung für Grenzfrequenz:

$$R = X_L = 2 \cdot \pi \cdot f_g \cdot L = \omega \cdot L \qquad \tau = \frac{L}{R}$$

Grenzfrequenz:

$$f_g = \frac{R}{2 \cdot \pi \cdot L} = \frac{1}{2 \cdot \pi \cdot \tau}$$

RL-Glied als Hochpass:

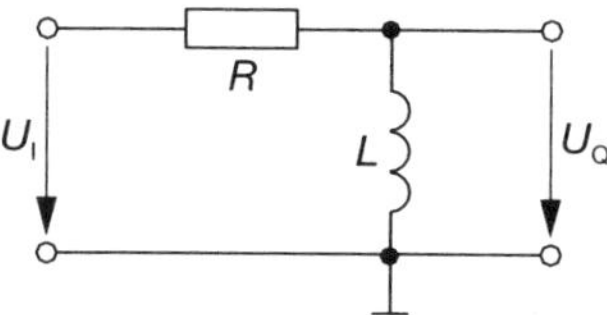

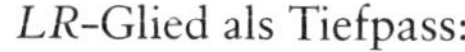

LR-Glied als Tiefpass:

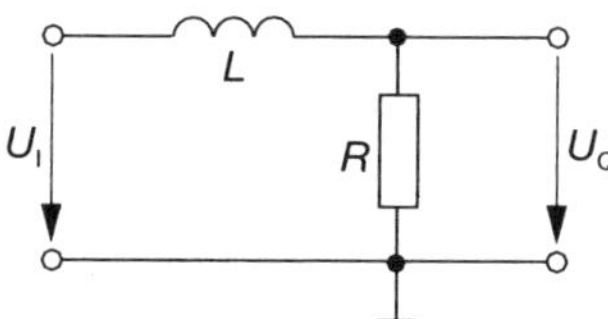

11.4.4 *RC*-Glied als Phasenschieber

Phasenwinkel der Ausgangsspannung bezogen auf die Eingangsspannung:

$$\alpha = \text{arc tan} \frac{R}{X_C} = \text{arc tan} (2 \cdot \pi \cdot f \cdot R \cdot C)$$

Ausgangsspannung (unbelastet):

$$U_Q = U_I \cdot \cos \alpha$$

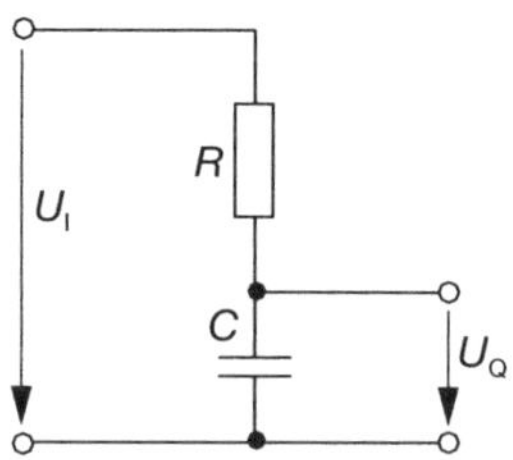

11.4.5 Siebglieder

Überlagerte Wechselspannung
am Eingang (Eingangs-Brummspannung) U_{W1}
am Ausgang (Ausgangs-Brummspannung) U_{W2}

Glättungsfaktor (Siebfaktor):

$$G = \frac{U_{W1}}{U_{W2}}$$

***RC*-Siebglied**
Näherungsformel für Glättungsfaktor unter der Bedingung: $R_S \ll R_L$ und $R_S \gg X_{CS}$

$$G \approx \frac{R_S}{X_{CS}} = 2 \cdot \pi \cdot f_w \cdot R_S \cdot C_S$$

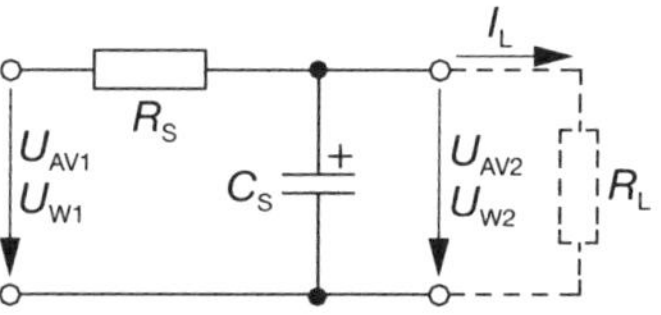

***LC*-Siebglied**
Näherungsformel für Glättungsfaktor unter der Bedingung: $X_L \gg R_L$ und $X_L \gg X_C$

$$G \approx \frac{X_{LS}}{X_{CS}} = (2 \cdot \pi \cdot f_W)^2 \cdot L_S \cdot C_S$$

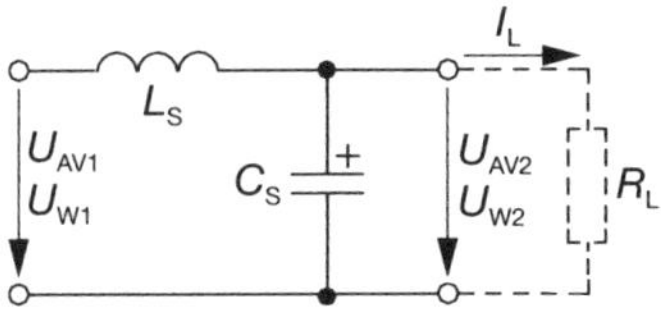

11.4.6 Schwingkreise im Resonanzfall

Resonanzbedingung:

$$X_L = X_C = X_0 = \sqrt{\frac{L}{C}}$$

Resonanzfrequenz:
$$f_0 = \frac{1}{2 \cdot \pi \cdot \sqrt{L \cdot C}}$$

Bandbreite:
$$b = \frac{f_0}{Q}$$

Reihenschwingkreis

Kreisgüte:
$$Q = \frac{X_0}{R_S} = \frac{1}{R_S} \cdot \sqrt{\frac{L}{C}}$$

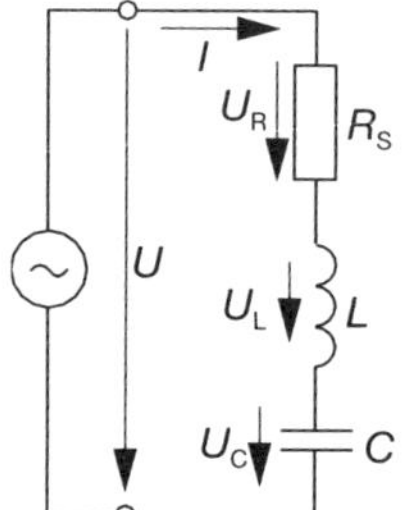

Überhöhung der Spannungen an L und C:
$$U_C = U_L = Q \cdot U$$

Resonanzwiderstand:
$$Z_0 = R_S = \frac{X_0}{Q}$$

Parallelschwingkreis

Kreisgüte:
$$Q = \frac{R_P}{X_0} = R_P \cdot \sqrt{\frac{C}{L}}$$

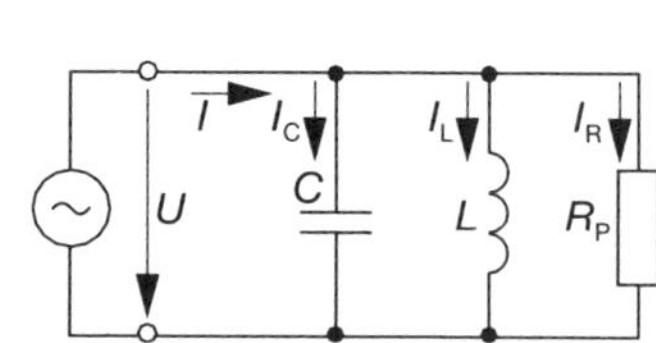

Überhöhung des Stroms in L und C:
$$I_L = I_C = Q \cdot I$$

Resonanzwiderstand:
$$Z_0 = R_P = Q \cdot X_0$$

12 Elektrische Maschinen

Berechnete Größe	Formel	Einheit, Erklärung

12.1 Transformator

Spannungsgleichung (bei Sinusform):	$U_0 = 4{,}44 \cdot N \cdot f \cdot \hat{\Phi}$	$1\ \text{V} = 1\ \text{Hz} \cdot \text{Wb} = 1 \frac{\text{V} \cdot \text{s}}{\text{s}}$ $\hat{\Phi}$ Scheitelwert des magnetischen Flusses
Übersetzungsverhältnis (Streuung vernachlässigt):	$\ddot{u} = \frac{N_1}{N_2} = \frac{U_{01}}{U_{02}} = \frac{I_2}{I_1} = \sqrt{\frac{Z_1}{Z_2}}$	Index 1: Oberspannungsseite Index 2: Unterspannungsseite
Kurzschlussspannung (relativ):	$u_K = \frac{U_K \cdot 100\,\%}{U_N}$	U_N Bemessungsspannung U_K absolute Kurzschlussspannung
Dauerkurzschlussstrom:	$I_{KD} = \frac{I_N \cdot 100\,\%}{u_K}$	I_N Bemessungsstrom

Parallelschaltung von Transformatoren mit unterschiedlichen Bemessungsscheinleistungen (S_{N1}, S_{N2} …) und Kurzschlussspannungen (u_{K1}, u_{K2} ...)
Mittlere Kurzschlussspannung:

$$u_{Km} = \frac{\Sigma S_N}{\frac{S_{N1}}{u_{K1}} + \frac{S_{N2}}{u_{K2}} + \ldots}$$

Verteilung der Gesamtlast:	$S_1 = S_{N1} \cdot \frac{u_{Km}}{u_{K1}}$	
Bemessungswirkungsgrad:	$\eta_N = \frac{S_N \cdot \cos\varphi_{Last}}{S_N \cdot \cos\varphi_{Last} + P_{Fe} + P_{Cu}}$	
Teillastfaktor:	$n = \frac{S_{Teillast}}{S_{Bemessungslast}}$	

Wirkungsgrad bei Teillast: $\eta_T = \frac{S_N \cdot \cos\varphi_{Last} \cdot n}{S_N \cdot \cos\varphi_{Last} \cdot n + P_{Fe} + P_{Cu} \cdot n^2}$

Jahreswirkungsgrad: $\eta_a = \frac{W_a}{W_a + W_{aFe} + W_{aCu}}$

$$\eta_a = \frac{S_N \cdot \cos\varphi_{Last} \cdot n \cdot t_B}{S_N \cdot \cos\varphi_{Last} \cdot n \cdot t_B + P_{Fe} \cdot t_E + P_{Cu} \cdot n^2 \cdot t_B}$$

t_B Jahresbelastungsdauer
W_a Jahresarbeit
n Teillastfaktor
S_N Bemessungsscheinleistung
t_E Jahreseinschaltdauer

Jahreseinschaltdauer: $t_E = 365\ \text{d} \cdot 24\ \text{h} = 8760\ \text{h}$

12.2 Drehfeldmaschine

Drehfelddrehzahl: $n_D = \frac{f}{p}$

p Polarpaarzahl
n Läuferdrehzahl
n_D Drehfelddrehzahl

Schlupfdrehzahl: $n_S = n_D - n$

Schlupf (relativ): $s = \frac{n_D - n}{n_0} \cdot 100\,\%$ — Angabe in %

Läuferfrequenz: $f_2 = s \cdot f_1$ — Hz; f_1 Netzfrequenz

Läuferspannung: $U_{02} = s \cdot U_{02\ \text{Stillstand}}$

abgegebene Leistung: $P_{ab} = M \cdot \omega = 2\ \pi \cdot M \cdot n$ — $1\ \text{W} = 1\ \frac{\text{N} \cdot \text{m}}{\text{s}}$

M Drehmoment in N · m
ω Winkelgeschwindigk. in Hz = s^{-1}
n Drehfrequenz in Hz = s^{-1}

$$P_{ab} = \frac{2 \cdot \pi}{60} \cdot M \cdot n = \frac{M \cdot n}{9{,}55}$$ mit n in min^{-1}

zugeführte Leistung: $P_{zu} = \sqrt{3} \cdot U \cdot I \cdot \cos\varphi$ — W

Wirkungsgrad: $\eta = \frac{P_{ab}}{P_{zu}}$

13 Schaltvorgänge im Gleichstromkreis mit Kondensator

13.1 Ladung/Entladung einer Kapazität *C* mit konstantem Strom I_0

Spannungsänderung Δu_C im Zeitintervall Δt:

$$\Delta u_C = \frac{I_0 \cdot \Delta t}{C} \qquad 1\ \text{V} = 1\,\frac{\text{A} \cdot \text{s}}{\text{F}}$$

13.2 Ladung einer Kapazität *C* an konstanter Spannung U_0

über einen linearen Widerstand *R* (Beginn bei $u_C = 0$)

Zeitkonstante: $\tau = R \cdot C$ $\qquad 1\ \text{s} = 1\ \Omega \cdot \text{F}$

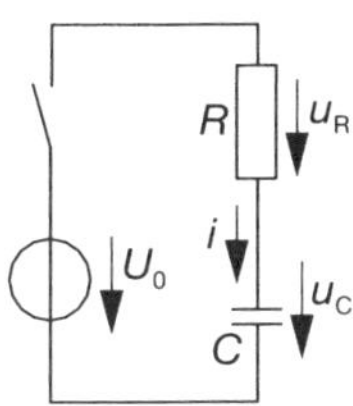

Strom im Einschaltmoment: $i_0 = \dfrac{U_0}{R}$ $\qquad$ A

Verlauf der Spannung an *C*: $u_C = U_0 \cdot (1 - e^{-t/\tau})$ $\qquad$ V

e ≈ 2,718 Eulersche Zahl

Zeit für Spannungsänderung an *C* von $u_C = 0$ bis $u_C = U_0$: $t = -\tau \cdot \ln\left(1 - \dfrac{u_C}{U_0}\right)$ $\qquad$ s

Verlauf des Stroms: $i = i_0 \cdot e^{-t/\tau}$ $\qquad$ A

Verlauf der Spannung an *R*: $u_R = U_0 \cdot e^{-t/\tau}$ $\qquad$ V

Zeit für Spannungsänderung an *R* von $u_R = U_0$ bis $u_R = 0$: $t = -\tau \cdot \ln\dfrac{u_R}{U_0}$ $\qquad$ s

13.3 Entladung einer Kapazität *C*

über einen linearen Widerstand *R* beginnend mit der Kondensatorspannung U_{C0}

Zeitkonstante:

$$\tau = R \cdot C \qquad 1\ \text{s} = 1\ \Omega \cdot \text{F}$$

Verlauf der Spannungen:

$$u_R = u_C = U_{C0} \cdot e^{-t/\tau} \qquad \text{V}$$

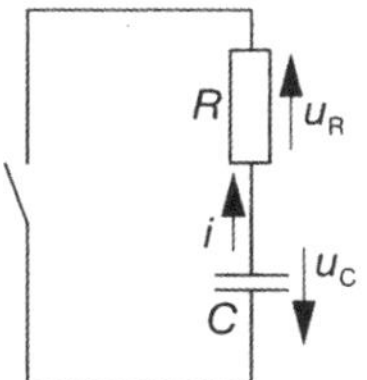

Zeit für Spannungsänderung von U_0 bis $u_C = u_R$:

$$t = -\tau \cdot \ln \frac{u_C}{U_0} \qquad \text{s}$$

Strom bei Beginn der Entladung:

$$i_0 = \frac{U_0}{R} \qquad 1\ \text{A} = 1 \frac{\text{V}}{\Omega}$$

Verlauf des Entladestroms:

$$i = i_0 \cdot e^{-t/\tau} \qquad \text{A}$$

13.4 Einschaltvorgang im Gleichstromkreis mit einer Induktivität

Induktivität *L* in Reihe mit linearem Widerstand *R* an konstanter Spannung U_0

Zeitkonstante: $$\tau = \frac{L}{R} \qquad 1\ \text{s} = 1 \frac{\text{H}}{\Omega}$$

Endwert des Stroms: $$I_0 = \frac{U_0}{R} \qquad 1\ \text{A} = 1 \frac{\text{V}}{\Omega}$$

Verlauf des Stroms von $i = 0$ bis $i = I_0$: $$i = I_0 \cdot (1 - e^{-t/\tau}) \qquad \text{A}$$

Verlauf der Spannung an *R*: $$u_R = U_0 \cdot (1 - e^{-t/\tau}) \qquad \text{V}$$

Verlauf der Spannung an *L*: $$u_L = U_0 \cdot e^{-t/\tau} \qquad \text{V}$$

Zeit für Stromänderung von $i = 0$ bis $i = I_0$: $$t = -\tau \cdot \ln\left(1 - \frac{i}{I_0}\right) \qquad \text{s}$$

Verlauf des Stroms von $i = I_0$ bis $i = 0$: $$i = I_0 \cdot e^{-t/\tau} \qquad \text{A}$$

Zeit für Stromänderung von $i = I_0$ bis $i = 0$: $$t = -\tau \cdot \ln\left(\frac{i}{I_0}\right) \qquad \text{s}$$

13.5 Normierte Exponentialfunktionen

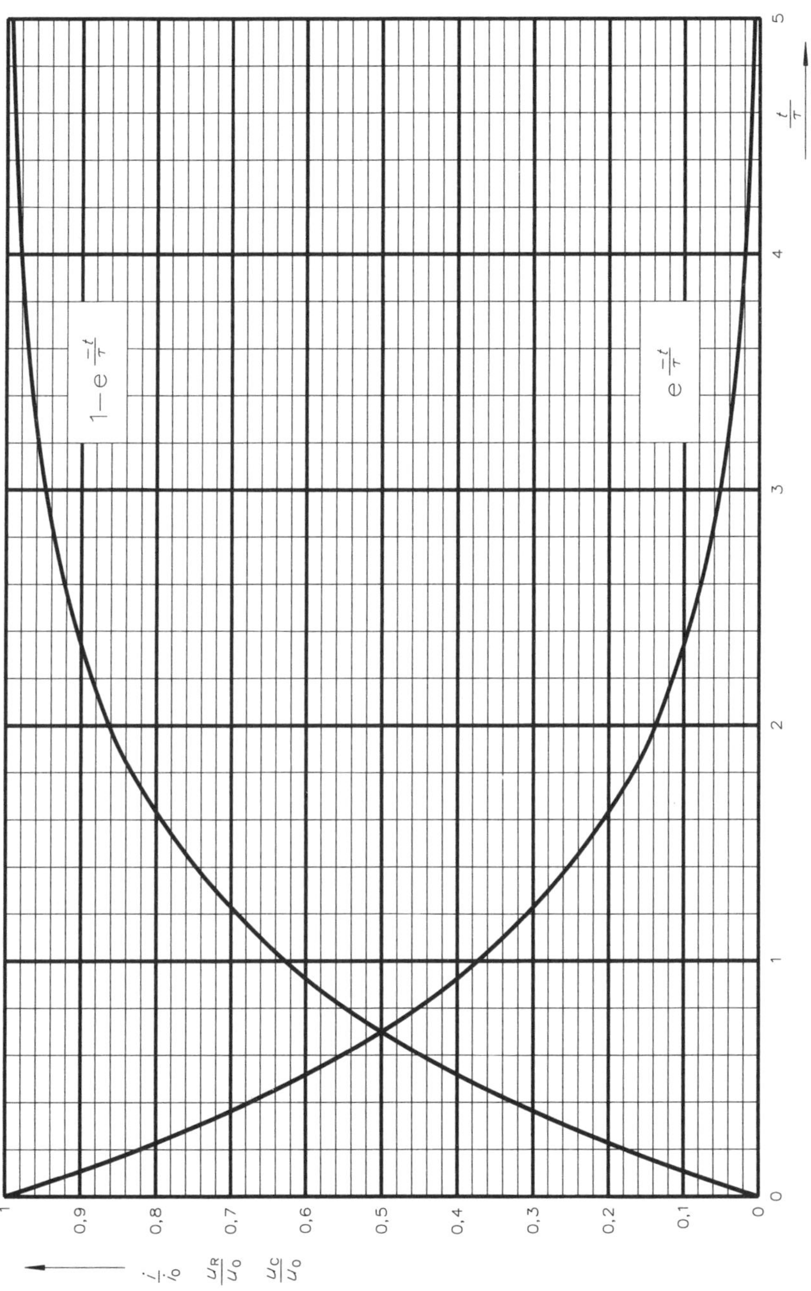

14 Effektivwerte und arithmetische Mittelwerte

14.1 Von Wechsel- und Mischspannungen

Kurvenform	Effektivwert U_{RMS}	arithmetischer Mittelwert U_{AV}
sinusförmige Wechselspannung u, 0, $\hat{u}$, U_{ss}, t	$\frac{\hat{u}}{\sqrt{2}} = \frac{U_{ss}}{2 \cdot \sqrt{2}}$	0
– nach Einweggleichrichtung u, 0, $\hat{u}$, U_{ss}, t	$\frac{\hat{u}}{2} = \frac{U_{ss}}{2}$	$\frac{1}{\pi} \cdot \hat{u} = \frac{U_{ss}}{\pi}$
– nach Zweiweggleichrichtung u, 0, $\hat{u}$, U_{ss}, t	$\frac{\hat{u}}{\sqrt{2}} = \frac{U_{ss}}{\sqrt{2}}$	$\frac{2}{\pi} \cdot \hat{u}$
Rechteck-Wechselspannung symmetrisch u, 0, $\hat{u}$, U_{ss}, t	$\hat{u} = \frac{U_{ss}}{2}$	0
Rechteck-Impulsspannung u, 0, $\hat{u}$, U_{ss}, t, t_i, t_p, T	$\hat{u} \cdot \sqrt{V_T} = U_{ss} \cdot \sqrt{V_T}$ $V_T = \frac{t_i}{t_i + t_p} = \frac{t_i}{T}$ Tastverhältnis	$\hat{u} \cdot V_T = U_{ss} \cdot V_T$

Kurvenform	Effektivwert U_{RMS}	arithmetischer Mittelwert U_{AV}
Rechteck-Mischspannung	$\sqrt{\hat{u}_1^2 \cdot \frac{t_1}{T} + \hat{u}_2^2 \cdot \frac{t_2}{T}}$ $\hat{u}_1$ positivster Wert $\hat{u}_2$ negativster Wert	$\hat{u}_1 \cdot \frac{t_1}{T} + \hat{u}_2 \cdot \frac{t_2}{T}$
Dreieck-Wechselspannung (auch Sägezahnspannung)	$\frac{\hat{u}}{\sqrt{3}} = \frac{U_{ss}}{2 \cdot \sqrt{3}}$	0
Dreieck-Impulsspannung	$\frac{\hat{u}}{\sqrt{3}} = \frac{U_{ss}}{\sqrt{3}}$	$\frac{\hat{u}}{2} = \frac{U_{ss}}{2}$

Effektivwert einer Mischspannung mit dem Gleichspannungsanteil U_{AV} und dem Wechselspannungsanteil U_{RMS1}:

$$U_{RMS1} = U_{Brum} = U_W$$

14.2 Effektivwert nach Phasenanschnitt

Ermittlung des Effektivwerts bzw. der Leistung an einem ohmschen Widerstand bei Vollwellensteuerung durch Phasenanschnitt einer sinusförmigen Wechselspannung.

$$\frac{U}{U_0} \quad \text{und} \quad \frac{P}{P_0} = f(\alpha)$$

U_0 Effektivwert der vollen Wechselspannung
U Effektivwert der angeschnittenen Spannung
P_0 Leistung ohne Phasenanschnitt
P Leistung mit Phasenanschnitt

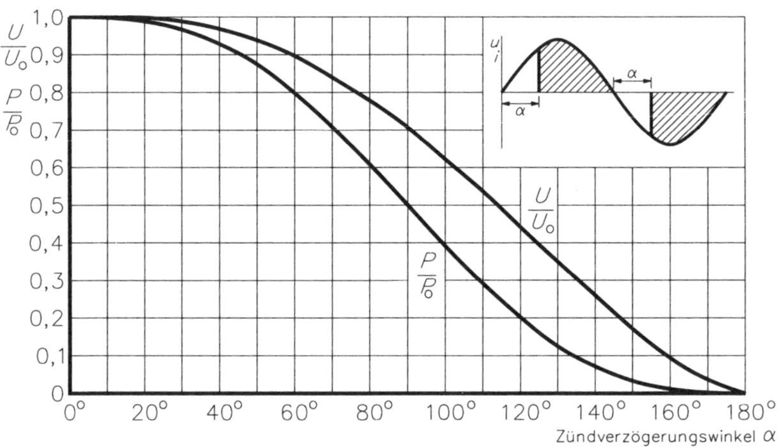

Bei Halbwellensteuerung reduzieren sich der Effektivwert der Spannung um den Faktor $1/\sqrt{2}$ und die Leistung um den Faktor 1/2, bezogen auf die Vollwellensteuerung.

14.3 Leistungsminderung durch Wellenpaketsteuerung

Verminderte Leistung

$$P = P_0 \cdot \frac{t_E}{t_E + t_P} = P_0 \cdot \frac{t_E}{T}$$

P_0 Nennleistung (ohne Wellenpaketsteuerung)
t_E Einschaltzeit
t_P Pausenzeit
$T = t_E + t_P$ Taktperiode

15 Installationstechnik

15.1 Schutzarten

DIN EN 60529 (VDE 0470-1):2014-09
EN 60529:1991 + A1:2000 + A2:2013

Bestandteil	Ziffern o. Buchstaben	Bedeutung für den Schutz des Betriebsmittels	Bedeutung für den Schutz von Personen	Bezug
Code-Buchstaben	IP	—	—	—
Erste Kennziffer		Gegen Eindringen von festen Fremdkörpern	Gegen Zugang zu gefährlichen Teilen mit	Abschnitt 5
	0	(nicht geschützt)	(nicht geschützt)	
	1	≥ 50 mm Durchmesser	Handrücken	
	2	≥ 12,5 mm Durchmesser	Finger	
	3	≥ 2,5 mm Durchmesser	Werkzeug	
	4	≥ 1,0 mm Durchmesser	Draht	
	5	staubgeschützt	Draht	
	6	staubdicht	Draht	
Zweite Kennziffer		Gegen Eindringen von Wasser mit schädlichen Wirkungen	—	Abschnitt 6
	0	(nicht geschützt)		
	1	senkrechtes Tropfen		
	2	Tropfen (15° Neigung)		
	3	Sprühwasser		
	4	Spritzwasser		
	5	Strahlwasser		
	6	starkes Strahlwasser		
	7	zeitweiliges Untertauchen		
	8	dauerndes Untertauchen		
	9	Hochdruck und hohe Strahlwassertemperatur		

15.2 Schutzmaßnahmen

Schleifenwiderstand: $R_S \leqq \frac{U_0}{I_A}$

U_0 Nennspannungen gegen geerdeten Leiter

Abschaltstrom: $I_A \leqq I_K$

I_A Abschaltstrom, der das Abschalten der Schutzeinrichtung innerhalb der geforderten Abschaltzeiten für das jeweilige Netzsystem bewirkt

I_K Kurzschlussstrom

Anlagenerder im TT-System
Erdungswiderstand des Erders, mit dem alle Körper verbunden sind:

$$R_A \leqq \frac{U_L}{I_A}$$

U_L dauernd zulässige Berührungsspannung

mit Schutz durch Fehlerstromschalter:

$$R_A \leqq \frac{U_L}{I_{\Delta N}}$$

mit Schutz durch selektiven Fehlerstromschalter:

$$R_A \leqq \frac{U_L}{2 \cdot I_{\Delta N}}$$

$I_{\Delta N}$ Bemessungsdifferenzstrom des FI-Schutzschalters

Anlagenerder im IT-System
Erdungswiderstand des Erders, mit dem alle Körper verbunden sind:

$$R_A \leqq \frac{U_L}{I_d}$$

I_d Fehlerstrom beim ersten Fehler zwischen einem Außenleiter und dem Schutzleiter (Summe der Ableitströme)

Schutzleiterquerschnitte
Mindestquerschnitte für Schutzleiter

Querschnitt der Außenleiter der Anlage	Mindestquerschnitt des entsprechenden Schutzleiters
A in mm²	A_{PE} in mm²
$A \leqq 16$	A
$16 < A \leqq 35$	16
$A > 35$	$\frac{A}{2}$

15.3 Potentialausgleich

Mindestquerschnitte für Potentialausgleichsleiter

	Hauptpotentialausgleich (PE = Hauptschutzleiter)	Zusätzlicher Potentialausgleich (PE = Betriebsmittelschutzleiter)	
Minimum	6 mm²	bei mechanischem Schutz	2,5 mm²
		ohne mechanischen Schutz	4 mm²
		zwischen 2 Körpern	kleinerer PE*
		zwischen 1 Körper und 1 leitfähigen, fremden Teil	0,5 × PE*
Maximum (möglich)	25 mm² Cu oder gleicher Leitwert		

PE*: hier Schutzleiterquerschnitt

15.4 Leitungs-, Kabelbemessung

bis A = 16 mm² Kupfer,
A = 25 mm² Aluminium

bei Gleich- und Wechselstrom
Mindest-Leiterquerschnitt nach Spannungsfall U_V:

$$A = \frac{2 \cdot l \cdot I \cdot \cos\varphi}{\kappa \cdot U_V}$$

oder

$$A = \frac{2 \cdot l \cdot P}{\kappa \cdot U_V \cdot U}$$

bei Drehstrom
Mindest-Leiterquerschnitt nach Spannungsfall U_V:

$$A = \frac{\sqrt{3} \cdot l \cdot I \cdot \cos\varphi}{\kappa \cdot U_V}$$

oder

$$A = \frac{l \cdot P}{\kappa \cdot U_V \cdot U}$$

l Leitungslänge in m
I Bemessungsstrom in A
κ el. Leitfähigkeit in $\frac{\text{m}}{\Omega \cdot \text{mm}^2}$
P Bemessungsleistung in W
U Bemessungsspannung in V

Stichleitung
bei Gleich- und Wechselstrom
Mindest-Leiterquerschnitt
nach Spannungsfall U_V:

$$A = \frac{2 \cdot \Sigma (I \cdot l \cdot \cos \varphi) \cdot \mu}{\kappa \cdot U_V} \qquad \mu = \frac{P_{\text{mittel}}}{P_{\text{Anschluß}}} \text{ Gleichzeitigkeitsfaktor}$$

oder

$$A = \frac{2 \cdot \Sigma (P \cdot l) \cdot \mu}{\kappa \cdot U_V \cdot U}$$

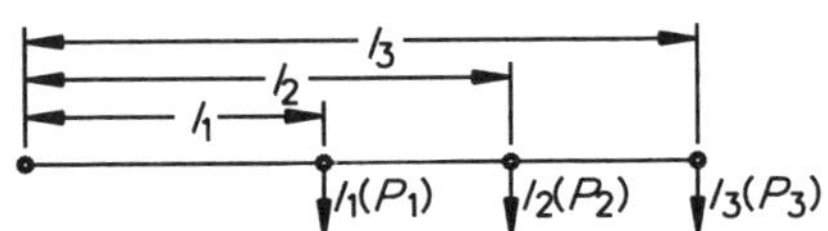

bei Drehstrom
Mindest-Leiterquerschnitt
nach Spannungsfall U_V:

$$A = \frac{\sqrt{3} \cdot \Sigma (I \cdot l \cdot \cos \varphi) \cdot \mu}{\kappa \cdot U_V}$$

oder

$$A = \frac{\Sigma (P \cdot l) \cdot \mu}{\kappa \cdot U_V \cdot U}$$

Ringleitung
nach rechts bzw. nach links in die Leitung eingespeiste Leistung:

$$P_{\text{rechts}} = \frac{\Sigma (P \cdot l)_{\text{links}}}{l}$$

$$P_{\text{links}} = \frac{\Sigma (P \cdot l)_{\text{rechts}}}{l}$$

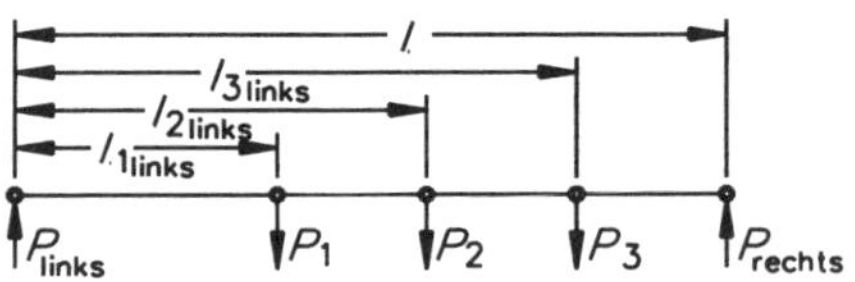

Diagramm zur Bestimmung des Leiterquerschnitts
nach Spannungsfall auf Drehstromleitungen (Cu-Leiter). Bei Gleich- oder Wechselstrom muss die Leitungslänge halbiert werden.

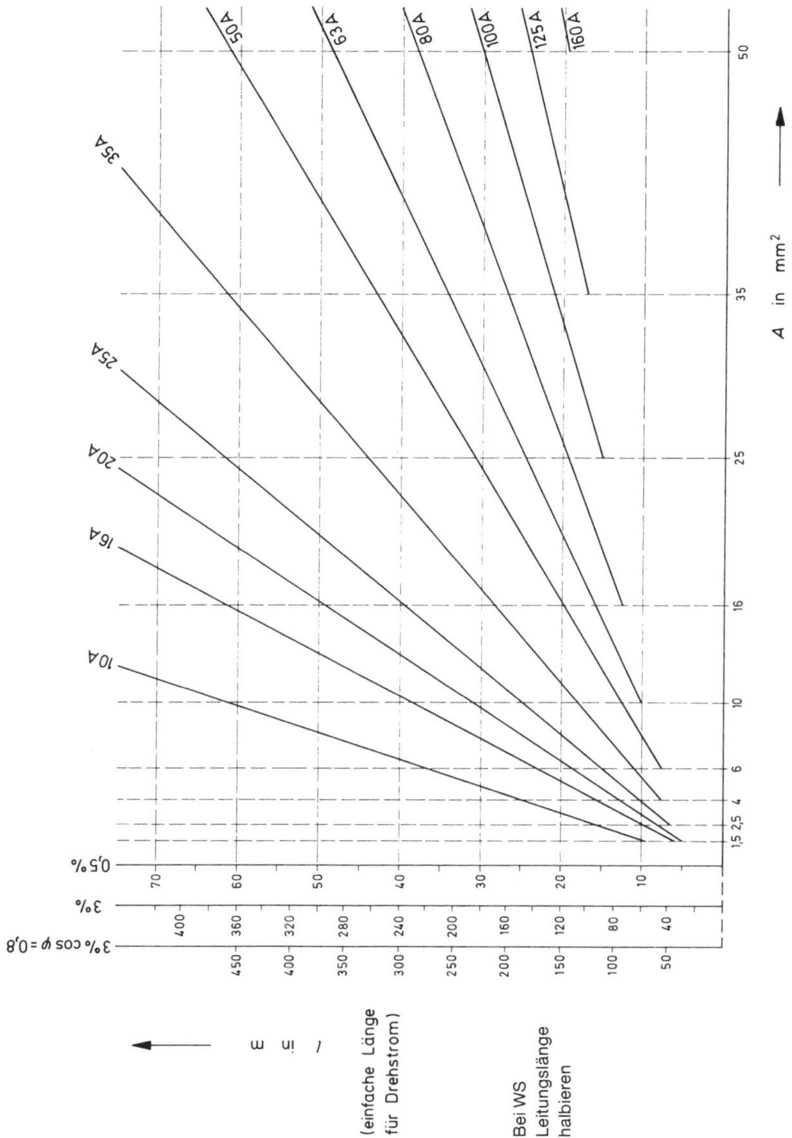

15.5 Verlegearten

Verlegebedingungen («Rohr» steht für Elektroinstallationsrohr und «Kanal» für Elektroinstallationskanal)

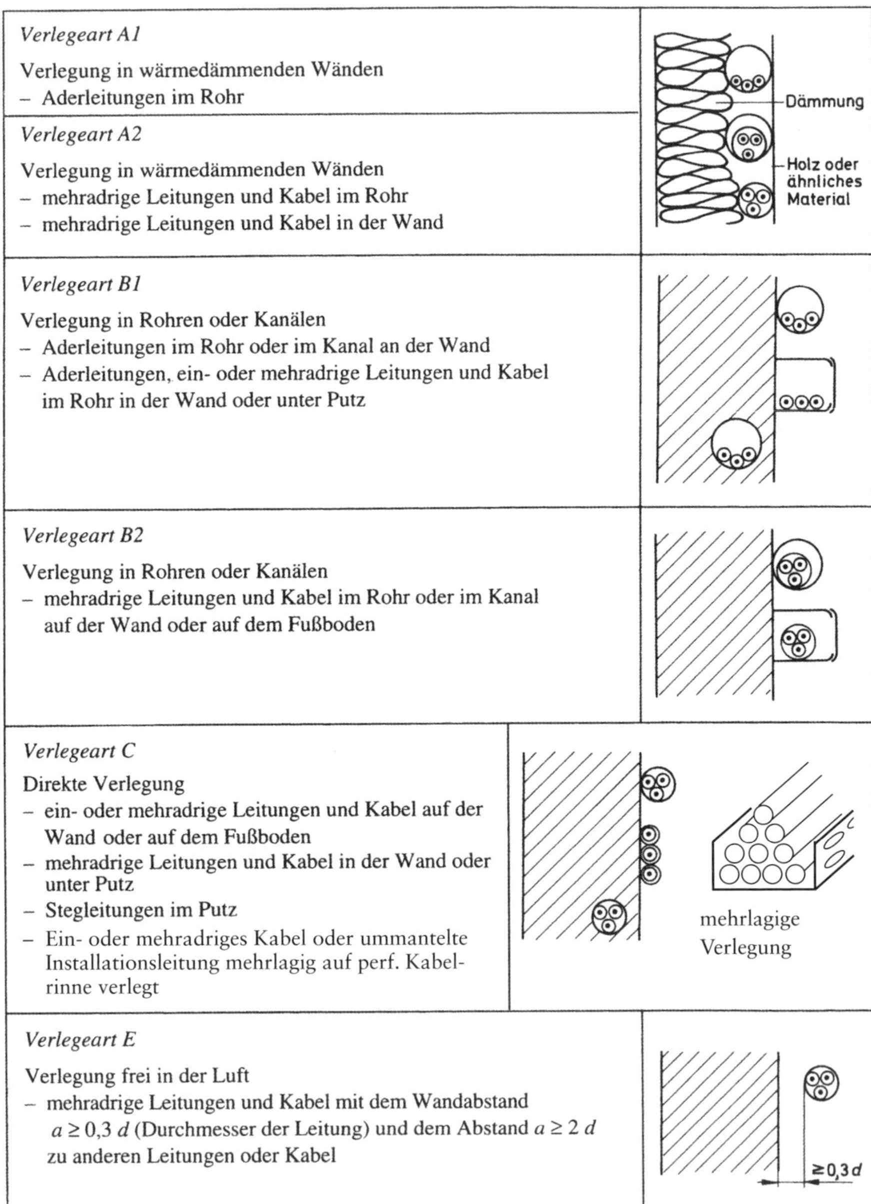

Verlegeart	Abbildung
Verlegeart A1 Verlegung in wärmedämmenden Wänden – Aderleitungen im Rohr	Dämmung; Holz oder ähnliches Material
Verlegeart A2 Verlegung in wärmedämmenden Wänden – mehradrige Leitungen und Kabel im Rohr – mehradrige Leitungen und Kabel in der Wand	
Verlegeart B1 Verlegung in Rohren oder Kanälen – Aderleitungen im Rohr oder im Kanal an der Wand – Aderleitungen, ein- oder mehradrige Leitungen und Kabel im Rohr in der Wand oder unter Putz	
Verlegeart B2 Verlegung in Rohren oder Kanälen – mehradrige Leitungen und Kabel im Rohr oder im Kanal auf der Wand oder auf dem Fußboden	
Verlegeart C Direkte Verlegung – ein- oder mehradrige Leitungen und Kabel auf der Wand oder auf dem Fußboden – mehradrige Leitungen und Kabel in der Wand oder unter Putz – Stegleitungen im Putz – Ein- oder mehradriges Kabel oder ummantelte Installationsleitung mehrlagig auf perf. Kabelrinne verlegt	mehrlagige Verlegung
Verlegeart E Verlegung frei in der Luft – mehradrige Leitungen und Kabel mit dem Wandabstand $a \geq 0{,}3\ d$ (Durchmesser der Leitung) und dem Abstand $a \geq 2\ d$ zu anderen Leitungen oder Kabel	$\geq 0{,}3\ d$

15.6 Strombelastbarkeit

Strombelastbarkeit I_r festverlegter, isolierter Starkstromleitungen und Kabel mit Kupferleitern bei einer Umgebungstemperatur von 30 °C und einer zulässigen Betriebstemperatur am Leiter von 70 °C nach DIN VDE 0298 Teil 4

Bauart	PVG-isolierte Kabel, Mantelleitungen, Stegleitungen und Aderleitungen für feste Verlegung											
Verlegeart	A1		A2		B1		B2		C		E	
Anzahl der belasteten Adern	2	3	2	3	2	3	2	3	2	3	2	3
Querschnitt in mm^2 (Cu)	Belastbarkeit I_r in A											
1,5	15,5	13,5	15,5	13,0	17,5	15,5	16,5	15,0	19,5	17,5	22	18,5
2,5	19,5	18,0	18,5	17,5	24	21	23	20	27	24	30	25
4	26	24	25	23	32	28	30	27	36	32	40	34
6	34	31	32	29	41	36	38	34	46	41	51	43
10	46	42	43	39	57	50	52	46	63	57	70	60
16	61	56	57	52	76	68	69	62	85	76	94	80
25	80	73	75	68	101	89	90	80	112	96	119	101
35	99	89	92	83	125	110	111	99	138	119	148	126
50	119	108	110	99	151	134	133	118	168	144	180	153
70	151	136	139	125	192	171	168	149	213	184	232	196
95	182	164	167	150	232	207	201	179	258	223	282	238
120	210	188	192	172	269	239	232	206	299	259	328	276
150	240	216	219	196	–	–	–	–	344	299	379	319
185	273	245	248	223	–	–	–	–	392	341	434	364
240	320	286	291	261	–	–	–	–	461	403	514	430
300	367	328	334	298	–	–	–	–	530	464	593	497
Für Leitungen und Kabel mit einer zulässigen Betriebstemperatur am Leiter von 90 °C können die Tabellenwerte um 25% erhöht werden. (z. B. wärmebeständige PVC-Aderleitungen, Kabel mit VPE-Aderisolierhülle, Kabel mit Aderisolierhülle und Mantel aus halogenfreier Polymermischung)												

Tatsächliche Strombelastbarkeit nach DIN VDE 0298-4

$I_Z = I_r \cdot f_H \cdot f_\vartheta$

f_H Faktor für die Häufung

f_ϑ Faktor für die Umgebungstemperatur

Strombelastbarkeit isolierter Leitungen und Kabel bei abweichenden Umgebungstemperaturen

Umgebungstemperatur °C	Strombelastbarkeit I_Z in % der Werte der Tabelle Seite 63		
	max. Leitertemperatur 60 °C (Gummi-Isolierung)	max. Leitertemperatur 70 °C (PVC-Isolierung)	max. Leitertemperatur 90 °C (VPE-Isolierung)
bis 10	129	122	115
15	122	117	112
20	115	112	108
25	108	106	104
30	100	100	100
35	91	94	96
40	82	87	91
45	71	79	87
50	58	71	82
55	41	61	76
60	–	50	71
65	–	35	65
70	–	–	58
75	–	–	50
80	–	–	41
85	–	–	29

Strombelastbarkeit von Leitungen mit erhöhter Wärmebeständigkeit bei Umgebungstemperaturen über 50 °C

Umgebungstemperatur °C bei Leitungen mit		Strombelastbarkeit I_Z in % der Werte in Tabelle Seite 63
zulässiger Leitertemperatur 110 °C	zulässiger Leitertemperatur 180 °C	
bis 80	bis 150	100
85	155	91
90	160	82
95	165	71
100	170	58
105	175	41

Zuordnung von Schmelzsicherungen und Leitungsschutzschaltern, Auslösecharakteristik B oder C für Dauerbetrieb bei Umgebungstemperatur 25 °C

Verlegeart	Gruppe A2		Gruppe B1		Gruppe B2		Gruppe C		Gruppe E	
Anzahl der belasteten Adern	2	3	2	3	2	3	2	3	2	3
Nennquerschnitt mm^2 Cu	Nennstrom der LS-Schalter in A									
1,5	16	13	16	16	16	13	20	16	20	16
2,5	16	16	25	20	20	20	25	25	32	25
4	25	20	32	25	25	25	32	32	40	32
6	32	25	40	32	40	32	40	40	50	40
10	40	40	50	50	50	50	63	63	63	63
16	50	50	80	63	63	63	80	80	100	80
25	80	63	100	80	80	80	100	100	125	100
35	80	80	125	100	100	100	125	125	125	125
50	100	100	–	125	–	125	160	125	160	160

Strombelastbarkeit bei Häufung oder Bündelung von Leitungen

Reduktionsfaktoren für Leitungen und Kabel bei Häufung oder Bündelung entsprechend DIN VDE 0298 Teil 4

Anordnung	Anzahl der Pritschen	Anzahl der Leitungen 1	2	3	4	5	6	7	8	9
Gebündelt direkt auf der Wand, dem Fußboden, im Elektroinstallationsrohr oder -kanal, auf oder in der Wand perf. Kabelrinne, mehrlagige Verlegung		1,00	0,80	0,70	0,65	0,60	0,57	0,54	0,52	0,50
Einlagig auf der Wand oder Fußboden mit Berührung		1,00	0,85	0,79	0,75	0,73	0,72	0,72	0,71	0,70
Einlagig auf der Wand oder Fußboden, mit Zwischenraum gleich Leitungsdurchmesser		1,00	0,94	0,90	0,90	0,90	0,90	0,90	0,90	0,90
Einlagig unter der Decke, mit Berührung		0,95	0,81	0,72	0,68	0,66	0,64	0,63	0,62	0,61
Einlagig unter der Decke, mit Zwischenraum gleich Leitungsdurchmesser		0,95	0,85	0,85	0,85	0,85	0,85	0,85	0,85	0,85
Unperforierte Kabelwannen Verlegeart C	1	0,97	0,84	0,78	0,75	0,73	0,71	0,70	0,69	0,68
	2	0,97	0,83	0,76	0,72	0,70	0,68	0,66	0,64	0,63
	3	0,97	0,82	0,75	0,71	0,68	0,66	0,64	0,62	0,61
	6	0,97	0,81	0,73	0,69	0,66	0,63	0,61	0,59	0,58
Perforierte Kabelwannen Verlegeart E, F oder G	1	1,0	0,88	0,82	0,79	0,76	0,76	0,74	0,73	0,73
	2	1,0	0,87	0,80	0,77	0,74	0,73	0,70	0,69	0,68
	3	1,0	0,86	0,79	0,76	0,72	0,71	0,68	0,67	0,66
	6	1,0	0,84	0,77	0,73	0,70	0,68	0,66	0,65	0,64
Kabelpritschen Verlegeart E, F oder G	1	1,0	0,87	0,82	0,80	0,80	0,79	0,78	0,78	0,78
	2	1,0	0,86	0,81	0,78	0,76	0,76	0,74	0,73	0,73
	3	1,0	0,85	0,79	0,76	0,74	0,73	0,72	0,71	0,70
	6	1,0	0,83	0,76	0,73	0,71	0,69	0,68	0,67	0,66

Bei abweichender Verlegeart sind die Reduktionsfaktoren DIN VDE 0298 Teil 4 zu entnehmen. Falls ein Leiter mit einem Strom nicht größer als 30 % seiner Belastbarkeit bei Häufung belastet wird, ist es zulässig, ihn bei der Bestimmung des Umrechnungsfaktors für die restlichen Kabel oder Leitungen dieser Gruppe zu vernachlässigen.

Zulässige Grenzlängen im TN-System für Schmelzsicherungen (DIN VDE 0636-1) nach

- DIN VDE 0100-410 «Fehlerschutz-automatische Abschaltung», Abschaltzeit 0,4 s
- DIN VDE 0100-430 «Schutz bei Kurzschluss», Abschaltzeit 5 s

Querschnitt	Bemessungsstrom	erforderlicher Kurzschlussstrom	Ausschaltzeit	Netzinnenwiderstand bis zur Schmelzsicherung								
				10	50	100	200	300	400	500	600	700
S mm²	I_n A	$I_{k\,erf}$ A	t_a s	l_{max} in m								
1,5	6	47	0,4	159	157	156	153	150	147	144	141	137
1,5	10	82	0,4	89	88	86	83	80	77	74	71	68
1,5	16	109	0,4	66	64	63	60	57	54	51	48	45
1,5	20	148	0,4	46	45	44	41	38	35	32	29	26
2,5	10	82	0,4	148	146	144	139	134	129	123	118	113
2,5	16	109	0,4	110	109	106	101	96	91	86	80	75
2,5	20	148	0,4	80	78	76	71	66	61	55	50	45
2,5	25	180	0,4	65	63	60	56	50	45	40	35	29
4	16	109	0,4	180	176	172	164	156	148	139	131	122
4	20	148	0,4	131	128	124	116	108	99	91	82	73
4	25	180	0,4	107	104	100	92	83	75	66	58	49
4	35	270	0,4	70	66	62	54	46	37	29	20	10
4	40	315	0,4	59	56	52	44	35	27	18	9	
6	20	148	0,4	198	193	187	175	162	149	137	124	110
6	25	180	0,4	162	157	151	139	126	113	100	87	74
6	35	270	0,4	106	102	96	83	70	57	44	30	16
6	40	315	0,4	90	86	80	67	54	41	28	14	
10	25	180	0,4	274	266	256	235	213	192	170	147	124
10	35	270	0,4	181	173	163	142	120	98	75	51	27
10	40	315	0,4	155	147	136	115	93	70	47	23	
10	50	470	0,4	102	94	83	62	39	16			
10	63	550	0,4	86	78	68	46	23				
10	80	850	0,4	53	45	35	13					
16	35	270	0,4	289	276	260	226	191	155	119	82	44
16	40	315	0,4	247	234	217	183	148	112	75	37	
16	50	470	0,4	164	151	134	99	63	26			
16	63	550	0,4	139	126	109	74	38				
16	80	850	0,4	88	74	57	22					
16	100	1020	0,4	72	59	42	5					
16	125	1500	0,4	46	33	16						

Zulässige Grenzlängen im TN-System für Schmelzsicherungen (DIN VDE 0636-1) nach

- DIN VDE 0100-410 «Fehlerschutz-automatische Abschaltung», Abschaltzeit 5 s
- DIN VDE 0100-430 «Schutz bei Kurzschluss», Abschaltzeit 5 s

Querschnitt	Bemessungsstrom	erforderlicher Kurzschlussstrom	Ausschaltzeit	Netzinnenwiderstand bis zur Schmelzsicherung								
				10	50	100	200	300	400	500	600	700
S mm²	I_n A	$I_{k\,erf}$ A	t_a s	l_{max} in m								
1,5	6	27	5	270	269	267	264	262	259	256	253	250
1,5	10	47	5	145	144	142	140	137	134	131	128	126
1,5	16	65	5	96	95	93	91	88	86	83	80	78
1,5	20	94	3,3	61	60	59	57	54	52	49	47	44
2,5	10	47	5	252	250	248	243	238	233	229	224	219
2,5	16	65	5	176	175	172	168	163	158	153	148	143
2,5	20	87	5	125	123	121	116	112	107	103	98	93
2,5	25	110	5	92	90	88	84	79	75	71	66	62
4	16	65	5	296	293	289	281	273	265	257	249	240
4	20	87	5	216	213	209	201	194	186	178	170	161
4	25	110	5	166	163	159	152	144	136	128	120	112
4	35	160	5	104	102	98	91	84	77	69	62	54
4	40	190	5	82	80	76	70	63	56	49	42	35
6	20	87	5	332	328	322	310	298	285	273	261	248
6	25	110	5	259	255	249	237	225	213	200	188	175
6	35	160	5	171	167	161	149	138	126	114	101	89
6	40	190	5	140	135	130	119	107	95	84	71	59
6	50	265	5	91	87	82	71	61	50	39	27	15
6	63	320	46	70	66	61	52	42	31	20	9	
10	25	110	5	446	438	428	407	386	365	344	323	301
10	35	160	5	302	294	284	263	242	221	200	178	156
10	40	190	5	251	243	233	213	192	171	150	128	106
10	50	265	5	173	166	156	136	116	95	74	52	29
16	35	160	5	487	474	458	425	391	357	322	287	252
16	40	190	5	408	395	379	345	312	277	243	207	171
16	50	265	5	288	275	259	225	192	157	122	85	48
16	63	320	5	235	222	206	173	139	104	69	32	
16	80	445	5	162	149	134	101	68	33			

Zulässige Grenzlängen im TN-System für Leitungsschutzschalter Typ B (DIN VDE 0641) nach

– DIN VDE 0100-410 «Fehlerschutz-automatische Abschaltung», Abschaltzeit 0,1 s
– DIN VDE 0100-430 «Schutz bei Kurzschluss», Abschaltzeit 0,1 s

Querschnitt	Bemessungsstrom	erforderlicher Kurzschlussstrom	Ausschaltzeit	Netzinnenwiderstand bis zur Leitungsschutzschalter								
				10	50	100	200	300	400	500	600	700
S mm²	I_n A	$I_{k\,erf}$ A	t_a s	Maximale Kabel- bzw. Leitungslänge l_{max} in m								
1,5	6	30	0,1	251	250	248	245	242	239	236	233	230
1,5	10	50	0,1	150	149	147	144	141	138	135	132	129
1,5	16	80	0,1	93	92	90	87	84	81	78	75	72
1,5	20	100	0,1	74	73	71	68	65	62	59	56	52
2,5	10	50	0,1	246	244	241	236	231	226	221	216	210
2,5	16	80	0,1	153	151	148	143	138	133	128	123	117
2,5	20	100	0,1	122	120	117	112	107	102	97	92	86
2,5	25	125	0,1	97	95	93	88	83	77	72	67	61
4	16	80	0,1	246	243	239	231	223	214	206	198	189
4	20	100	0,1	197	194	189	181	173	165	156	148	139
4	25	125	0,1	157	154	150	142	133	125	116	108	99
4	32	160	0,1	122	119	115	107	98	90	81	72	64
4	40	200	0,1	97	94	90	82	73	65	56	47	38
6	20	100	0,1	295	290	284	272	259	247	234	221	209
6	25	125	0,1	235	231	225	212	200	187	174	161	148
6	32	160	0,1	183	179	173	160	148	135	122	109	95
6	40	200	0,1	146	141	135	123	110	97	84	71	57
6	50	250	0,1	117	112	106	93	80	67	54	40	26
10	25	125	0,1	397	388	378	357	336	315	293	271	249
10	32	160	0,1	309	301	291	270	249	227	205	183	160
10	40	200	0,1	247	239	228	207	186	164	142	119	96
10	50	250	0,1	197	189	178	157	135	113	90	67	43
10	63	315	0,1	156	147	137	116	94	71	48	23	
10	80	400	0,1	122	114	103	82	59	36	12		
16	32	160	0,1	492	479	462	429	395	360	325	290	254
16	40	200	0,1	393	380	363	329	295	260	225	189	152
16	50	250	0,1	313	300	284	250	215	180	143	106	69
16	63	315	0,1	248	235	218	184	149	113	75	37	
16	80	400	0,1	194	181	164	130	94	57	19		

Zulässige Grenzlängen im TN-System für Leitungsschutzschalter Typ C (DIN VDE 0641) nach

- DIN VDE 0100-410 «Fehlerschutz-automatische Abschaltung», Abschaltzeit 0,1 s
- DIN VDE 0100-430 «Schutz bei Kurzschluss», Abschaltzeit 0,1 s

Querschnitt	Bemessungsstrom	erforderlicher Kurzschlussstrom	Ausschaltzeit	Netzinnenwiderstand bis zur Leitungsschutzschalter								
				10	50	100	200	300	400	500	600	700
S mm²	I_n A	$I_{k\,erf}$ A	t_a s	Maximale Kabel- bzw. Leitungslänge l_{max} in m								
1,5	6	60	0,1	125	123	122	119	116	113	110	106	103
1,5	10	100	0,1	74	73	71	68	65	62	59	56	52
1,5	16	160	0,1	45	44	43	40	36	33	30	27	23
1,5	20	200	0,1	36	34	33	30	27	24	20	17	14
2,5	10	100	0,1	122	120	117	112	107	102	97	92	86
2,5	16	160	0,1	75	73	71	66	61	55	50	45	39
2,5	20	200	0,1	60	58	55	50	45	40	34	29	23
2,5	25	250	0,1	47	45	43	38	33	27	22	16	10
4	16	160	0,1	122	119	115	107	98	90	81	72	64
4	20	200	0,1	97	94	90	82	73	65	56	47	38
4	25	250	0,1	77	74	70	62	53	45	36	26	17
4	32	320	0,1	60	57	53	44	36	27	17	8	
4	40	400	0,1	47	44	40	32	23	14	4		
6	20	200	0,1	146	141	135	123	110	97	84	71	57
6	25	250	0,1	117	112	106	93	80	67	54	40	26
6	32	320	0,1	91	86	79	67	54	40	27	12	
6	40	400	0,1	72	67	61	48	35	21	7		
6	50	500	0,1	57	52	46	33	19	5			
10	25	250	0,1	197	189	178	157	135	113	90	67	43
10	32	320	0,1	153	145	134	113	91	68	45	21	
10	40	400	0,1	122	114	103	82	59	36	12		
10	50	500	0,1	97	89	78	56	33	9			
10	63	630	0,1	76	68	57	35	11				
10	80	800	0,1	59	51	40	17					
16	32	320	0,1	244	231	214	180	145	108	71	33	
16	40	400	0,1	194	181	164	130	94	57	19		
16	50	500	0,1	155	141	124	89	53	15			
16	63	630	0,1	122	108	91	56	18				

15.7 Antennenanlagen

Übertragungsbereiche und Kanaleinteilung

	Bereich	Kanäle	Kanalgrenzen	Mittenfrequenz (DVB-T)
Tonrundfunk	Langwelle L Mittelwelle M Kurzwelle K Ultrakurzwelle UKW (F II)	0,15... 0,285 0,51... 1,605 3,95... 26,1 87,5 ...108	– – – 2–70	
Fernsehrundfunk	VHF F 1 VHF F III UHF F IV UHF F V	2– 4 5–12 21–37 38–69	47– 68 174–230 470–606 606–862	 177,5–226,5 474,0–602,0 610,0–858,0
Sonderbereiche	USB (Unterer) OSB (Oberer) ESB (Erweiterter)	S2 –S10 S11–S20 S21–S38	111–174 230–300 302–446	
Satellitenempfang	SHF	10,7–12,75 GHz (ZF: 950–2150 MHz)	>50 Transponder	

Grenzwerte für Nutzpegel an Antennen-Steckdosen nach EN 50 083-7

Bereich	Min. Pegel in dBµV	Max. Pegel in dBµV
UKW (Mono)	40	70
UKW (Stereo)	50	70
TV (AM)	60	80*
TV (SAT-ZF)	47	77
DVB (64 QAM)	47	67
DVB (QPSK)	47	77

* bei Systemen mit mehr als 20 Kanälen 77 dBµV

Elektromagnetische Wellen

Wellenlänge: $\lambda = \frac{c}{f}$ m

$c \approx 3 \cdot 10^8$ m/s Ausbreitungsgeschwindigkeit im freien Raum (Vakuum oder Luft)

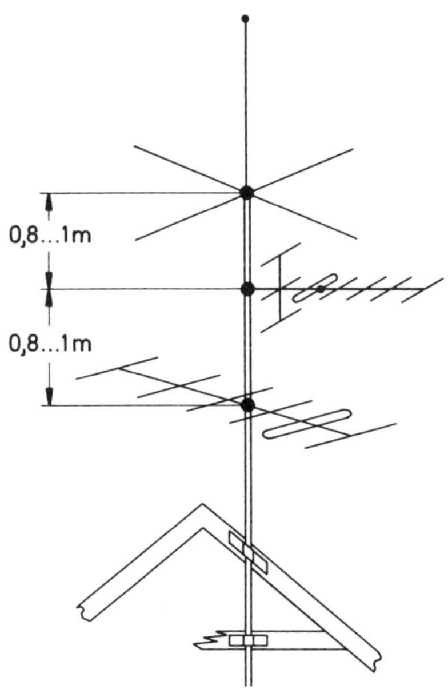

Mindestabstände in m zwischen den Befestigungspunkten der Antennenelemente

	F I	UKW	F III	F IV	F V
F I	2,5	1,4	1,4	0,8	0,8
UKW 1,4	1,1	0,8	0,8	0,8	0,8
F III	1,4	0,8	0,8	0,8	0,8
F IV	0,8	0,8	0,8	0,6	0,5
F V	0,8	0,8	0,8	0,5	0,5

Mindestabstände zwischen Antennen und Starkstromfreileitungen bis 1000 V

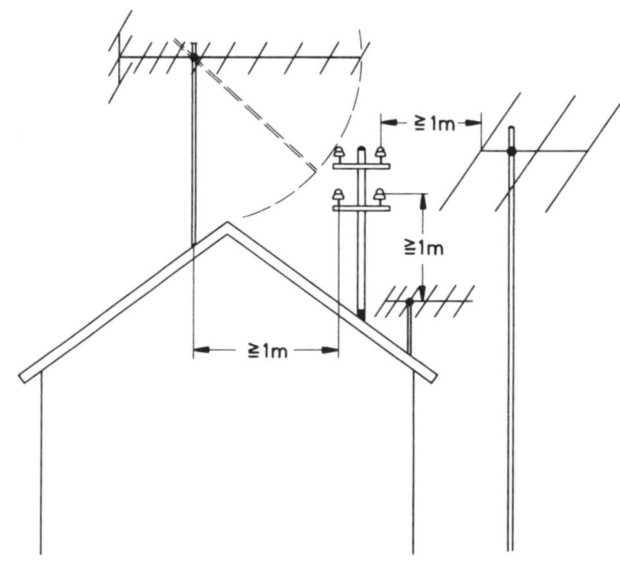

Berechnung der Windlast von Standrohren
Gesamtbiegemoment:

$$M_b = W_{A1} \cdot l_1 + W_{A2} \cdot l_2 + \ldots$$

N · m
W_{A1}, W_{A2} Windlast der einzelnen Antenne
l_1, l_2 Abstand von der oberen Einspannstelle des Standrohrs bis zum Befestigungspunkt der Antenne

Erdungsleitungen für Antennen (Mindestanforderungen)

Werkstoff	außerhalb von Gebäuden	innerhalb von Gebäuden
Stahl (verzinkt)	Volldraht 8 mm ∅ Band 20 mm × 2,5 mm	–
		blank oder isoliert, eindrähtig
Kupfer	NYY 16 mm²	16 mm²
Aluminium	NAYY 25 mm²	25 mm²

16 Pegel und Dämpfung

$$L_u = 20 \cdot \lg \frac{U}{U_0}$$

$$L_P = 10 \cdot \lg \frac{P}{P_0}$$

L_U Spannungspegel in dBµ
U Spannung in µ
U_0 Bezugsspannung 1 µV an 75 Ω
L_P Leistungspegel in dBmW
P Leistung in mW
P_0 Bezugsleistung 1 mW

$$A_{ges} = A_1 + A_2 + A_3$$
$$G_{ges} = G_1 + G_2 + G_3$$

A_{ges} = Gesamtdämpfungsmaß
A_1, A_2, A_3 Einzeldämpfungsmaße
G_{ges} Gesamtverstärkungsmaß
G_1, G_2, G_3 Einzelverstärkungsmaße

$A_U = 20 \cdot \lg \frac{U_1}{U_2}$	$A_P = 10 \cdot \lg \frac{P_1}{P_2}$
$G_U = 20 \cdot \lg \frac{U_2}{U_1}$	$G_P = 10 \cdot \lg \frac{P_2}{P_1}$

A_U Spannungsdämpfungsmaß in dB
U_1 Eingangsspannung in V
U_2 Ausgangsspannung in V
A_P Leistungsdämpfungsmaß in dB
P_1 aufgenommene Leistung in W
P_2 abgegebene Leistung in W
G_U Spannungsverstärkungsmaß in dB
G_P Leistungsverstärkungsmaß in dB

Verstärkungs- und Dämpfungsfaktoren der **Spannung** in dB

dB	Verstärkung G	Dämpfung A
3	1,41	0,707
6	2	0,5
10	3,13	0,33
12	4	0,25
20	10	0,1
26	20	0,05
40	100	0,01
60	1 000	0,001
80	10 000	0,0001

Verstärkungs- und Dämpfungsfaktoren der **Leistung** in dB

dB	Verstärkung G	Dämpfung A
3	2	0,5
6	4	0,25
10	10	0,1
13	20	0,05
20	100	0,01
23	200	0,005
30	1 000	0,001
40	10 000	0,0001
50	100 000	0,00001

17 Wärmetechnik

Berechnete Größe	Formel	Einheit, Erklärung

17.1 Wärmearbeit, Temperaturerhöhung

Wärmemenge, Wärmearbeit:	$Q = W = m \cdot c \cdot \Delta\vartheta$	1 J = 1 W · s m erwärmte Stoffmenge in kg $\Delta\vartheta$ Temperaturerhöhung in K c spez.Wärmemenge in $\frac{\text{J}}{\text{kg} \cdot \text{K}}$ (Tabelle 21.1)
Wärmegeräte:	$Q = W_{el}$ $m \cdot c \cdot \Delta\vartheta = 3{,}6 \cdot 10^6 \cdot P \cdot t \cdot \eta$	1 J = 1 Ws P in kW t in h
Mischungsregel:	$Q_{ab} = Q_{zu}$ $m_1 \cdot c_1 \cdot (\vartheta_1 - \vartheta_m) = m_2 \cdot c_2 \cdot (\vartheta_m - \vartheta_2)$	J
Mischungstemperatur:	$\vartheta_m = \frac{m_2 \cdot c_2 \cdot \vartheta_2 + m_1 \cdot c_1 \cdot \vartheta_1}{m_2 \cdot c_2 + m_1 \cdot c_1}$	°C
Mengenverhältnis:	$\frac{m_1}{m_2} = \frac{c_2 \cdot (\vartheta_m - \vartheta_2)}{c_1 \cdot (\vartheta_1 - \vartheta_m)}$	ϑ_1 höhere Temperatur ϑ_2 niedrigere Temperatur

17.2 **Wärmebedarf von Räumen** (nach DIN 4701)

Wärmeleitwiderstand der Schicht:

$$R_\lambda = \frac{d}{\lambda} \qquad \frac{m^2 \cdot K}{W}$$

Wärmedurchgangswiderstand:

$$R_k = R_i + \Sigma R_\lambda + R_a$$

R_λ Wärmeleitwiderstand (Wärmedurchlasswiderstand)
R_i innerer Wärmeübergangswiderstand (Tabelle 17.1)
R_a äußerer Wärmeübergangswiderstand (Tabelle 17.1)
d Materialdicke in m
λ Wärmeleitfähigkeit des Materials in $\frac{W}{m \cdot K}$ (Tabelle 17.2)

Norm-Wärmedurchgangskoeffizient:

$$k_N = k + \Delta k_A + \Delta k_S \qquad \frac{W}{m^2 \cdot K}$$

k_A Außenflächenkorrektur

$k_S = -0{,}3 \frac{W}{m^2 \cdot K}$ Sonnenkorrektur (für Klarglas)

Norm-Transmissionswärmebedarf:

$$\dot{Q}_T = \Sigma (A \cdot k_N \cdot \Delta\vartheta) \qquad W$$

A Fläche (Wand, Fenster usw.) in m^2

Temperaturdifferenz:

$$\Delta\vartheta = \vartheta_i - \vartheta_a$$

ϑ_i Norm-Innentemperatur
ϑ_a Norm-Außentemperatur

Norm-Lüftungswärmebedarf:

$$\dot{Q}_L = V_L \cdot c \cdot \Delta\vartheta \qquad \text{W}$$

oder

$$\dot{Q}_L = \Sigma\,(a \cdot l)_A \cdot H \cdot r \cdot \Delta\vartheta)$$

V_L durchströmende Luftmenge in $\frac{m^3}{h}$

spezifische Wärme für Luft:

$$c = 0{,}36\,\frac{Wh}{m^3} \cdot K$$

a Fugendurchlass-koeffizient von Fenstern und Türen in $\frac{m^3}{m \cdot h \cdot (Pa)^{2/3}}$

Norm-Wärmebedarf = Wärmeleistung:

$$\dot{Q}_N = P$$
$$\dot{Q}_N = \dot{Q}_T + \dot{Q}_L$$

l Fugenlänge in m
A Index für windangeströmte Räume
H Hauskenngröße für Gebäude bis 10 m Höhe
r Raumkennzahl

Tabelle 17.1 Wärmeübergangswiderstände R

Wandinnenseite u. Fußboden bzw. Decken mit Wärmestrom von unten nach oben	$R_i = 0{,}13\ \frac{m^2 \cdot K}{W}$
Fußboden und Decken mit Wärmestrom von oben nach unten	$R_i = 0{,}17\ \frac{m^2 \cdot K}{W}$
Wandaußenseite bei mittlerer Windgeschwindigkeit	$R_a = 0{,}04\ \frac{m^2 \cdot K}{W}$

Tabelle 17.2 Wärmeleitfähigkeit λ in $\frac{W}{m \cdot K}$

Vollziegel	0,52	Putz (Kalkmörtel)	0,87
Kalksandvollstein	0,99	Zementmörtel	1,40
Schaumbetonstein	0,41	Schaumkunststoffe	0,04
Beton	2,1		

17.3 Wärmewiderstand, Verlustleistung, Kühlkörper

Wärmewiderstand oder thermischer Widerstand allgemein:

$$R_{th} = \frac{\vartheta_2 - \vartheta_1}{P} = \frac{\Delta\vartheta}{P} \qquad \frac{K}{W}$$

Zulässige Verlustleistung eines Bauelements:

$$P_{tot} \geqq P_{Vzul} = \frac{\vartheta_j - \vartheta_u}{R_{thju}} \qquad 1\,W = 1\,\frac{K}{K/W}$$

P_{tot} Maximal zulässige Verlustleistung laut Datenblatt

P_{Vzul} Maximal zulässige Verlustleistung bei den gegebenen Einbaubedingungen

Bei Bauelementen, die auf einen Kühlkörper montiert sind, ist der gesamte Wärmewiderstand:

$$R_{thJU} = R_{thJG} + R_{thGK} + R_{th\,KU}$$

ϑ_J Zulässige Sperrschichttemperatur laut Datenblatt

ϑ_U Temperatur des umgebenden Kühlmediums

R_{thJG} (R_{thJC}) Wärmewiderstand zwischen Sperrschicht und Gehäuse

R_{thGK} Wärme-Übergangswiderstand vom Gehäuse zum Kühlkörper

R_{thKU} (R_{thK}) Wärmeabgabewiderstand des Kühlkörpers an das umgebende Kühlmittel (Luft)

	cm^2 K/W	$R_{th\ GK}$ in K/W		
		TO 3	TO 126	TO 220
ohne Wärmeleitpaste				
Metall – Metall	1,0	0,2	3,5	0,7
Metall – Eloxal	2,0	0,4	7,2	1,4
Glimmer 50 μm	6,5	1,3	22,7	4,5
Glimmer 100 μm	7,5	1,5	26,2	5,3
mit Wärmeleitpaste				
Metall – Metall	0,5	0,1	1,8	0,4
Metall – Eloxal	1,4	0,3	5,0	1,0
Glimmer 50 μm	2,0	0,4	7,0	1,4
Glimmer 100 μm	3,0	0,6	10,5	2,1

Tabelle 17.3 Wärmekontaktwiderstände (R_{thGK}) für plane Flächen zwischen verschiedenen Medien, bezogen auf 1 cm^2 Kontaktfläche und für einige Gehäuseformen von Halbleiterbauelementen

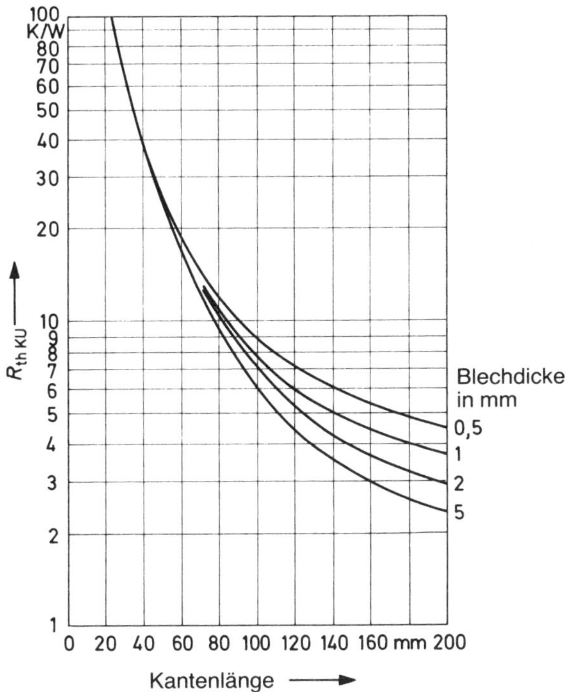

Wärmeabgabewiderstand (R_{thKU}) in Abhängigkeit von der Kantenlänge eines quadratischen Aluminiumblechs für verschiedene Blechdicken

18 Beleuchtungstechnik

Berechnete Größe	Formel	Einheit, Erklärung
Lichtausbeute:	Lampe: $\eta = \frac{\Phi_0}{P}$	$\frac{\text{lm}}{\text{W}}$
Beleuchtungsstärke:	$E = \frac{\Phi_{\text{Nutz}}}{A}$ Leuchte: $\eta = \frac{\Phi_{\text{Nutz}}}{P}$	$\text{lx} = \frac{\text{lm}}{\text{m}^2}$ Φ_0 Lichtstrom je Lampe in lm A beleuchtete Fläche (Raumfläche) in m^2 Φ_{Nutz} Lichtstrom auf der beleuchteten Ebene (Nutzebene) in lm P elektrische Leistung in W
Leuchtenbetriebswirkungsgrad:	$\eta_{\text{LB}} = \frac{\Phi_{\text{Nutz}}}{\Phi_0}$	η_{LB} Leuchtenbetriebswirkungsgr Φ_{Nutz} Nutzlichtstrom der Leuchte Φ_0 Gesamtlichtstrom der Lampe k Raumindex
Beleuchtungsstärke, auf einen Winkel bezogen:	$E_\gamma = \frac{I_\gamma}{h^2} \cdot (\cos\gamma)^3$	I Lichtstärke in cd $I\gamma$ Lichtstärke in cd unter dem Winkel γ cos γ Kosinus des Ausstrahlungswinkels γ h Höhe (Abstand) in m zwischen Lichtquelle und beleuchteter Fläche
Beleuchtungswirkungsgrad:	$\eta_{\text{B}} = \eta_{\text{LB}} \cdot \eta_{\text{R}}$	
Gesamtlichtstrom:	$\Phi_{\text{ges}} = \frac{\overline{E}_{\text{m}} \cdot A}{\eta_{\text{B}} \cdot w_{\text{F}}}$	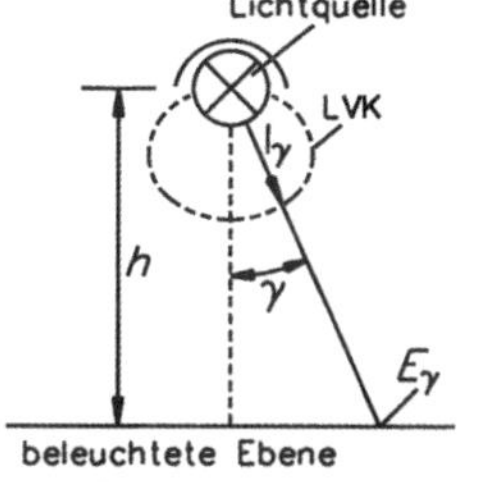
Gesamtlichtstrom für den Raum:	$\Phi_{0\Sigma} = \frac{\overline{E}_{\text{m}} \cdot A}{\eta_{\text{R}} \cdot M_{\text{F}} \cdot \eta_{\text{LB}}}$	$\overline{E}_{\text{m}}$ Wartungswert der Beleuchtungsstärke M_{F} Wartungsfaktor η_{R} Raumwirkungsgrad

k	Direkt	Direkt	Direkt/ indirekt	Indirekt
0,6	0,48	0,86	0,23	0,17
1,0	0,67	0,95	0,36	0,29
1,25	0,76	1,06	0,43	0,36
1,5	0,82	1,07	0,48	0,41
2,0	0,89	1,07	0,56	0,48
2,5	0,94	1,09	0,62	0,53
3,0	0,98	1,11	0,67	0,57
4,0	1,02	1,11	0,73	0,62
5,0	1,05	1,11	0,77	0,65

$$L_\gamma = \frac{I_\gamma}{A_S \cdot \cos_\gamma} p \qquad \frac{\mathrm{cd}}{\mathrm{m}^2}$$

A_S selbstleuchtende Fläche in m^2

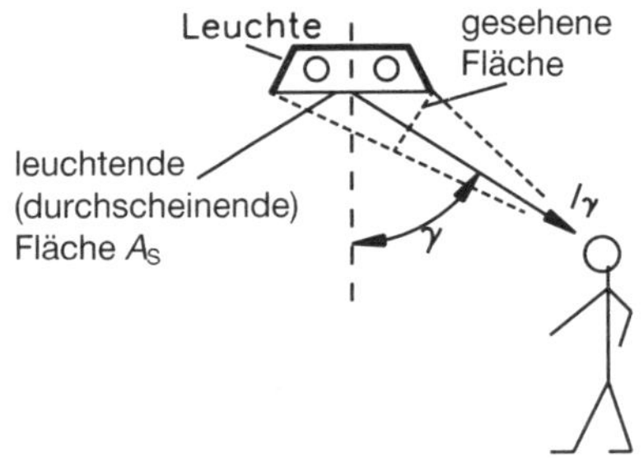

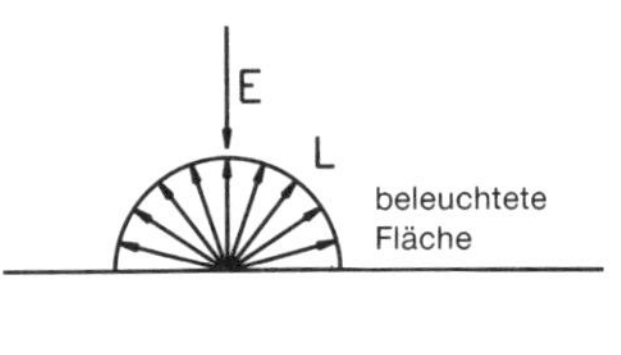

Leuchtdichte einer beleuchteten Fläche bei diffuser Reflexion:

$$L = \frac{E \cdot \rho}{\pi}$$

ρ Reflexionsgrad der beleuchteten Fläche (ohne Einheit)

19 Elektronik

19.1 Halbleiterbauelemente (mit den wichtigsten Kenndaten)

19.1.1 Veränderliche Widerstände

NTC-Widerstand, Heißleiter
Temperaturbeiwert:

$\alpha \approx -3 \ldots -6 \frac{\%}{\text{K}}$ bei $\vartheta \approx 25\ °\text{C}$

Widerstand bei Nenntemperatur (z. B. bei $\vartheta_\text{N} = 25\ °\text{C}$): R_N

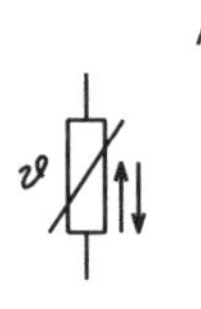

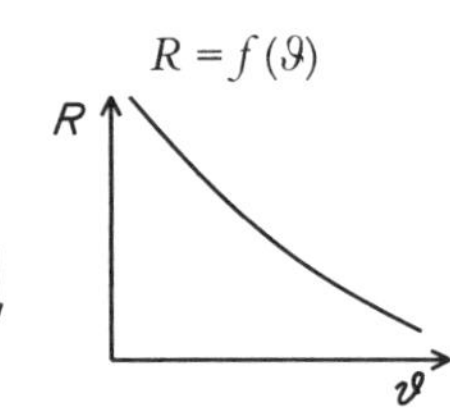

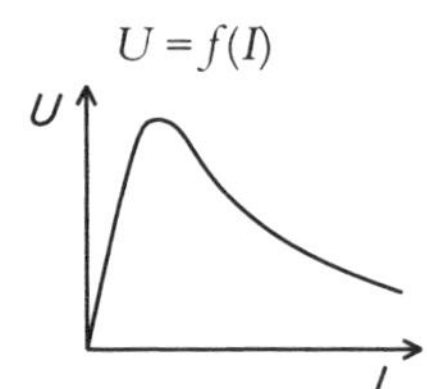

PTC-Widerstand, Kaltleiter
Temperaturbeiwert:

$\alpha \approx +6 \ldots 60 \frac{\%}{\text{K}}$ bei $\vartheta > \vartheta_\text{A}$

Anfangstemperatur: ϑ_A
Anfangswiderstand: R_A

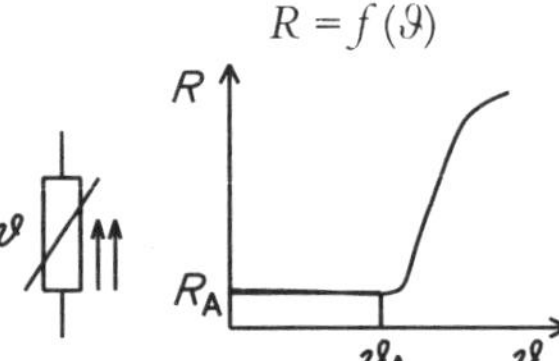

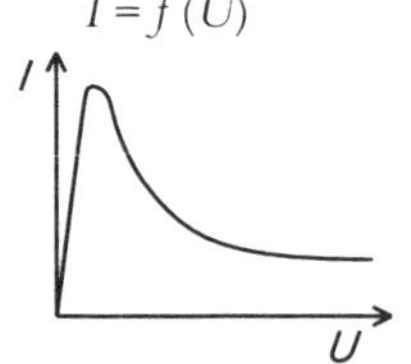

VDR, Spannungsabhängiger Widerstand, Varistor
(Metalloxid-Varistor)
Betriebsspannungsbereich
Ansprechzeit

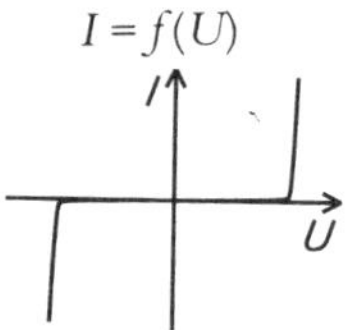

LDR, Fotowiderstand
Dunkelwiderstand: R_0
Hellwiderstand bei
$E = 1000$ lx: R_{1000}

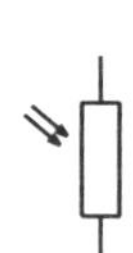

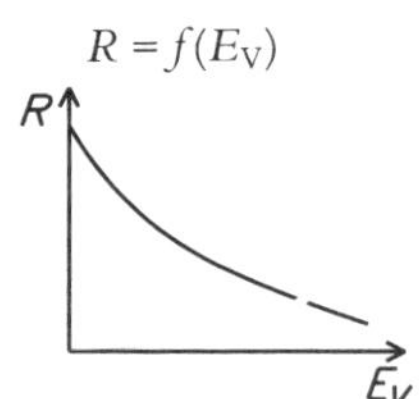

MDR, Feldplatte, Magnetfeldabhängiger Widerstand
Grundwiderstand: R_0
Widerstand bei $B = 1$ T: $R_{1\text{T}}$

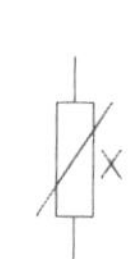

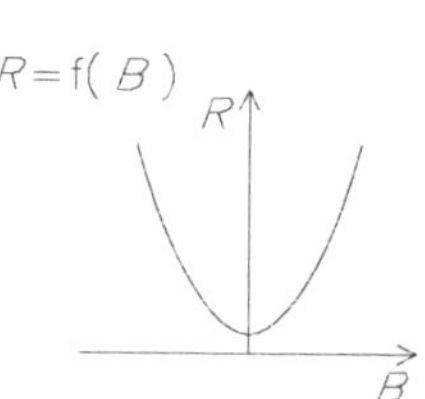

Hallgenerator
Leerlaufhallspannung
U_{20} bei Nennsteuerstrom I_{1N}
und magnetischer Flussdichte B = 1T

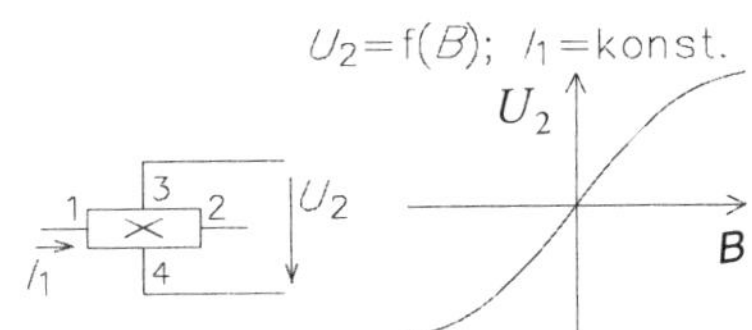

19.1.2 Dioden

Gleichrichter- und Signaldiode
(Silizium)
Fluss- oder Durchlassspannung:
$U_F \approx 0{,}7\,\text{V} \ldots 1\,\text{V}$
Sperrverzugszeit: t_{rr}
Durchbruchspannung: U_{Br}

$I_F = f(U_F)$

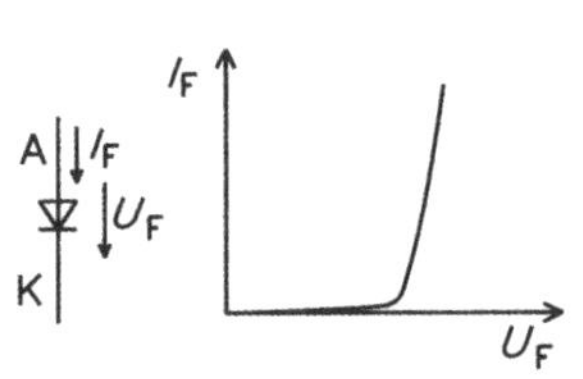

$I_R = f(U_R)$

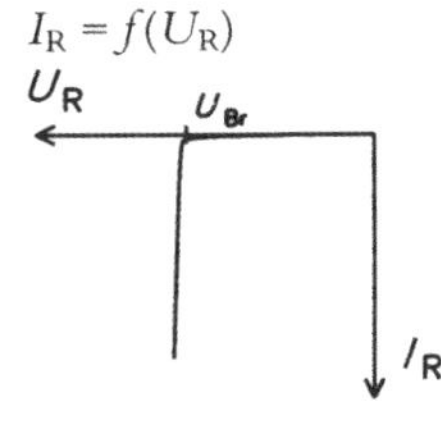

Schottky-Diode
Flussspannung: $U_F \approx 0{,}4$ V
Sperrverzugszeit: t_{rr}

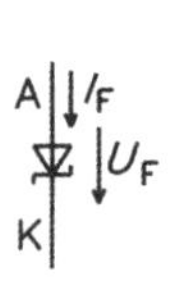

$I_F = f(U_F)$

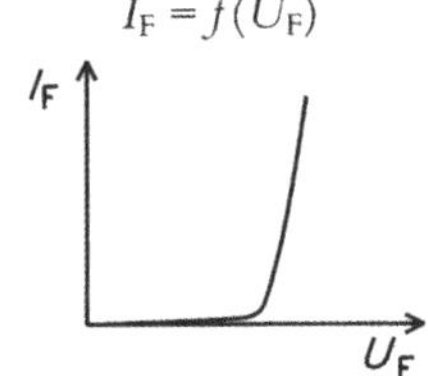

Z-Diode
Nenn-Z-Spannung bei Messstrom
(z. B. $I_M = 5$ mA): U_Z
differentieller Z-Widerstand:

$$r_Z = \frac{\Delta U_Z}{\Delta I_Z}$$

Temperaturbeiwert der
Z-Spannung:

a_{UZ} in K^{-1}

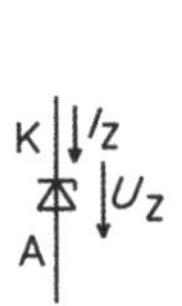

$I_Z = f(U_Z)$

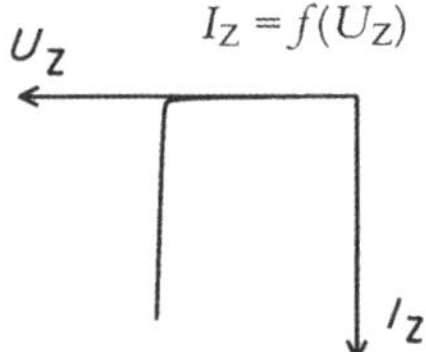

LED, Leuchtdiode
Flussspannung je nach Farbe
rot: $U_F \approx 1{,}6\,\text{V} \ldots 2{,}0\,\text{V}$
gelb: $U_F \approx 1{,}8\,\text{V} \ldots 2{,}2\,\text{V}$
grün: $U_F \approx 2{,}0\,\text{V} \ldots 2{,}4\,\text{V}$

IRED, Infrarotdiode:
$U_F \approx 1{,}0 \ldots 1{,}2$ V

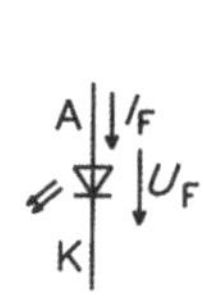

$I_F = f(U_F)$

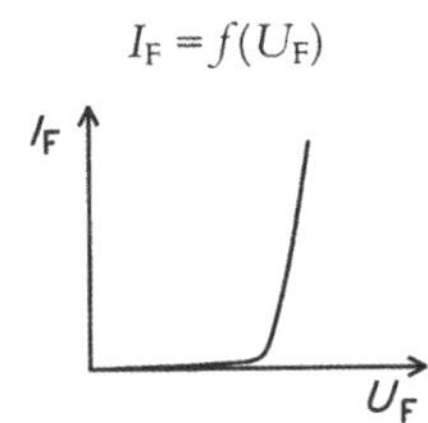

Fotodiode

Fotoempfindlichkeit: S in nA/lx
Fotostrom bei E_V = 1000 lx: I_P
Dunkelstrom: I_0

$I_P = f(U_R)$ bei E_V = konst.

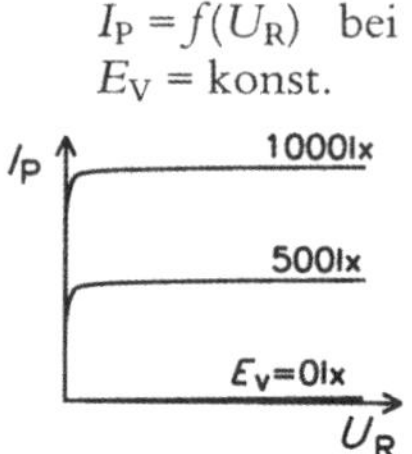

Fotoelement, Solarzelle
(Silizium)
Leerlaufspannung:
$U_0 \approx 0{,}5\ \text{V} \ldots 0{,}6\ \text{V}$
Kurzschlussstrom bei E_V = 1000 lx

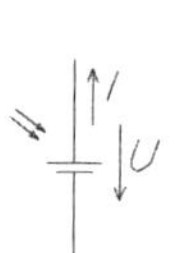

U_0; $I_K = f(E_V)$

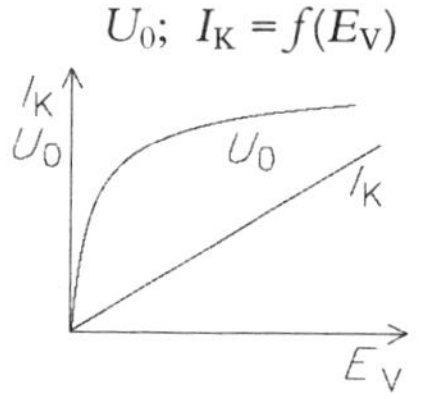

Kapazitätsdiode
Kapazitätsverhältnis:

$$\frac{C_{3V}\ (\text{bei}\ U_R = 3\ \text{V})}{C_{30V}\ (\text{bei}\ U_R = 30\ \text{V})}$$

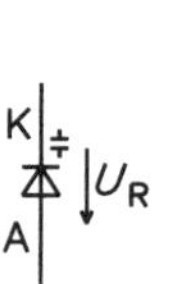

$C_D = f(U_R)$

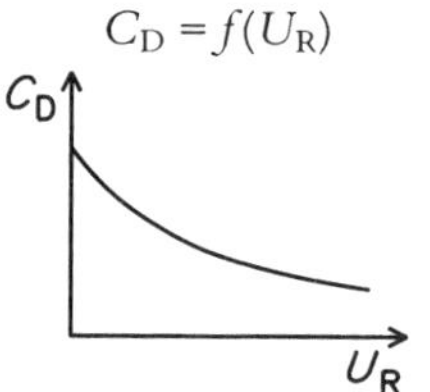

19.1.3 Transistoren

Bipolartransistor (Silizium)

$U_{BE} \approx 0{,}6\ \text{V} \ldots 0{,}8\ \text{V}$
Gleichstrom- oder Großsignal-Stromverstärkung:

$$B = \frac{I_C}{I_B}$$

NPN-Typ

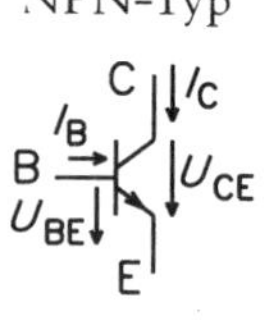

Kennlinien vom NPN-Typ
$I_B = f(U_{BE})$; $I_C = f(U_{CE})$;
(U_{CE} = konst.); (I_B = konst.)

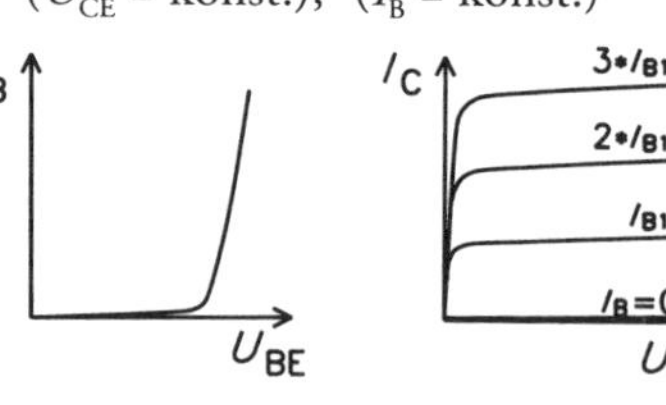

Dynamische oder Kleinsignal-Stromverstärkung:

$$\beta = h_{21} = \frac{\Delta I_C}{\Delta I_B}$$

PNP-Typ

Darlingtontransistor (NPN-Typ)

Stromverstärkung: $B = \dfrac{I_C}{I_B} \approx B_1 \cdot B_2$

$U_{BE} \approx 1{,}2\ \text{V} \ldots 1{,}6\ \text{V}$

$I_B = f(U_{BE})$

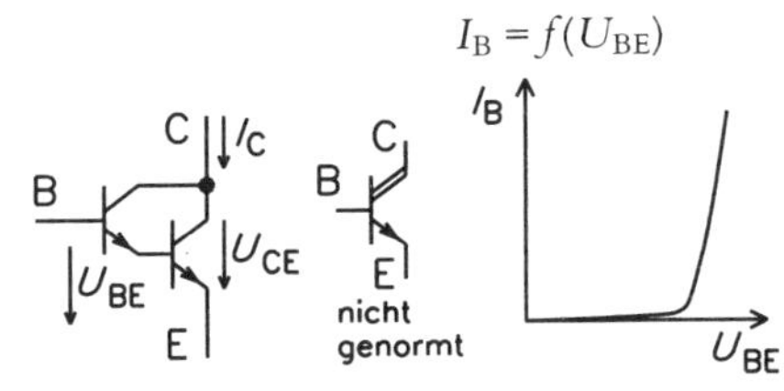

Fototransistor (NPN-Typ)

Fotostrom bei $E_V = 1000$ lx und $U_{CE} = 5$ V: I_P

$I_C = f(U_{BE})$ bei E_V = konst.

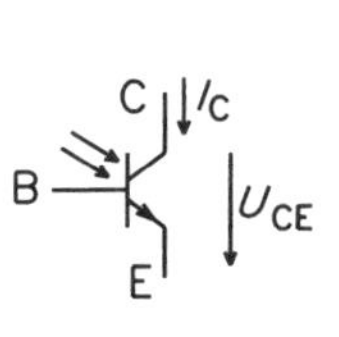

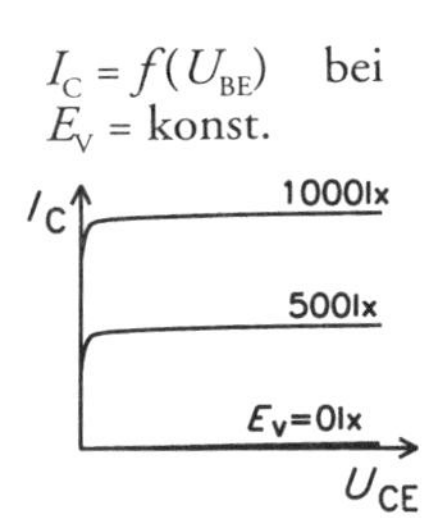

J-FET, Sperrschicht-Feldeffekt-Transistor N-Kanal-Typ
Gate-Sättigungsspannung: U_{GSS}
Drain-Sättigungsstrom: I_{DSS}

Steilheit: $S = g_{fs} = \dfrac{\Delta I_D}{\Delta U_{GS}}$

Ein-Widerstand: R_{DSon}

$I_D = f(-U_{GS})$; U_{DS} = konst.

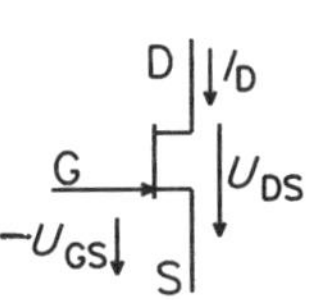

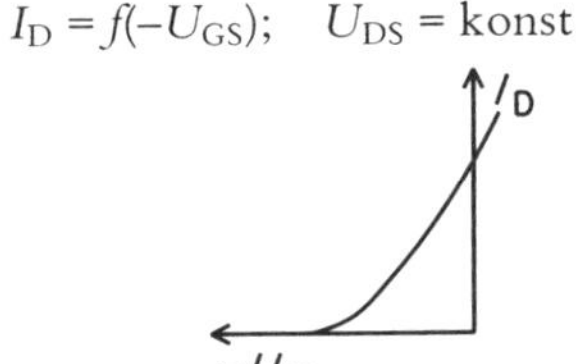

Selbstsperrender MOS-FET
(Anreicherungs-IG-FET)
auch VMOS-, Power-MOS-FET

Steilheit: $S = \dfrac{\Delta I_D}{\Delta U_{GS}}$

Schwellspannung: U_{th}

N-Kanal-Typ

$I_D = f(U_{GS})$, U_{DS}-konst.

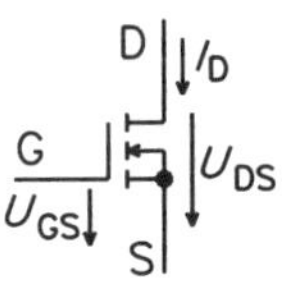

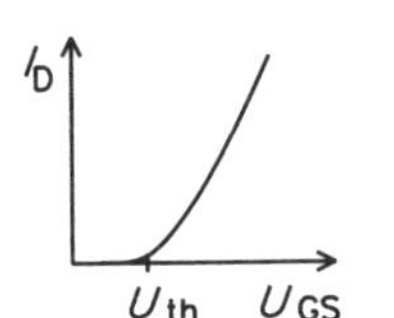

Ein-Widerstand: R_{DSon}

P-Kanal-Typ

$I_D = f(U_{GS})$, U_{DS}-konst.

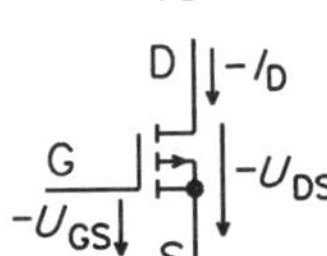

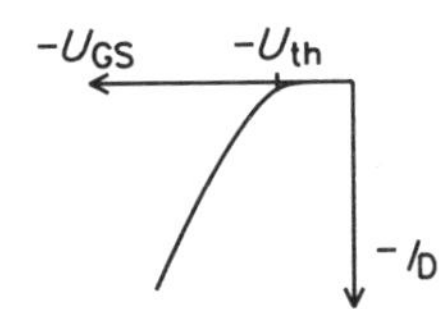

Selbstleitender MOS-FET
(Verarmungs-IG-FET)

Steilheit: $S = \frac{\Delta I_D}{\Delta U_{GS}}$

N-Kanal-Typ

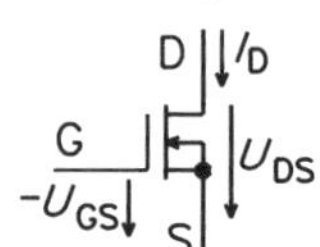

$I_D = f(U_{GS})$, U_{DS}-konst.

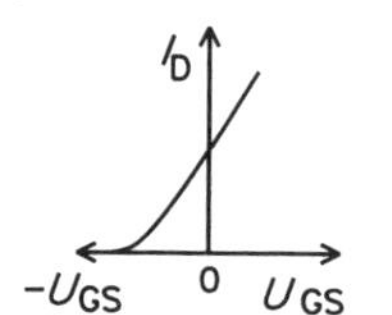

P-Kanal-Typ

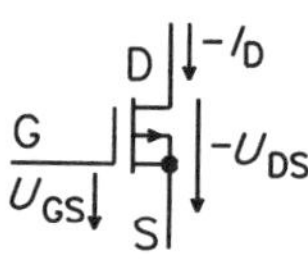

$I_D = f(U_{GS})$, U_{DS}-konst.

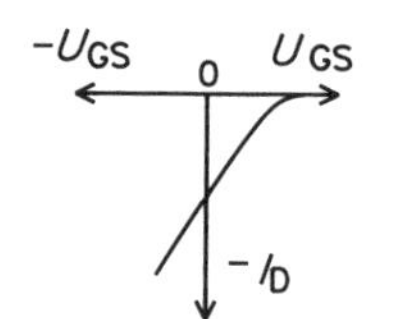

UJT, Unijunktiontransistor
Höckerspannung,
Kippspannung: U_P
Talspannung: U_V
Talstrom: I_V
Inneres Spannungsverhältnis:

$$\eta \approx \frac{U_P}{U_{BB}}$$

(N-Kanal-Typ)

$I_E = f(U_{EB1})$; U_{BB} = konst.

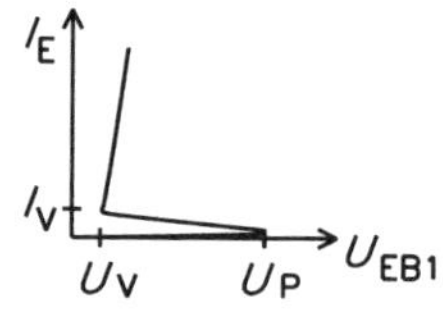

19.1.4 Thyristoren

Vierschichtdiode, Thyristordiode
Kippspannung,
Schaltspannung: U_{BO}
Haltestrom: I_H

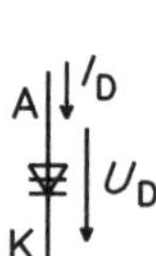

$I_D = f(U_D)$

DIAC (in Dreischichtaufbau)
Durchbruchspannung
(symmetrisch): U_{BO}
Rücklaufspannung
(symmetrisch): ΔU

$I_D = f(U_D)$

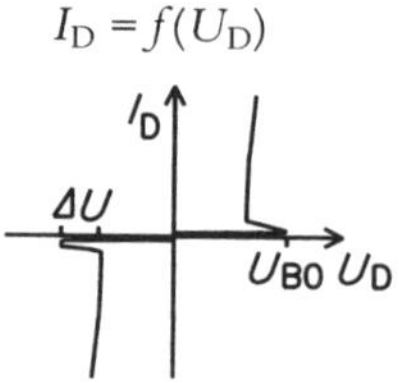

Thyristor
Rückwärtssperrende Thyristortriode
Freiwerdezeit: t_q
Periodische Spitzensperrspannung: U_{DRM}/U_{RRM}
Dauergrenzstrom: I_{TAV}

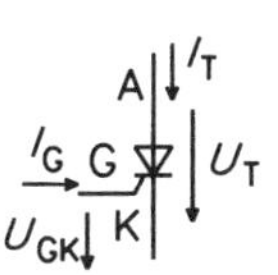

$I_T = f(U_T)$

GTO-Thyristor
Abschalt-Thyristor

$I_T = f(U_T)$
(siehe Thyristor)

Thyristortetrode, PUT

$I_T = f(U_T)$
(siehe Thyristor)

TRIAC,
Zweirichtungs-Thyristor
Kritische Spannungssteilheit

$I_T = f(U_T)$

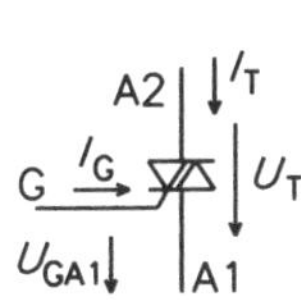

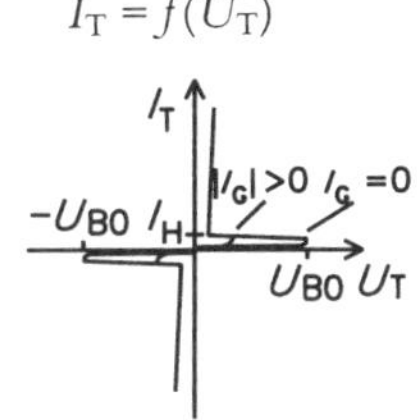

19.2 Gleichrichterschaltungen

19.2.1 Gleichrichterschaltungen mit Ladekondensator

U_I Effektivwert der Eingangsspannung
U_d arithmetischer Mittelwert der gleichgerichteten Spannung
U_{RRM} periodische Dioden-Spitzensperrspannung
U_W Effektivwert der der Ausgangsspannung überlagerten Wechselspannung (Brummspannung)
I_d arithmetischer Mittelwert des Gleichstroms
I_{FAV} arithmetischer Mittelwert des Diodenstroms
S_T Trafo-Typenleistung
f Frequenz der Eingangsspannung
f_w Pulsfrequenz der gleichgerichteten Spannung

$w = \frac{U_W}{U_d} \cdot 100\%$ Welligkeit

Alle Berechnungen gelten bei Belastung des Ausgangs. Der Ladekondensator ist so dimensioniert, dass die Welligkeit der Ausgangsspannung w = 5 % beträgt.

	$\frac{U_d}{U_I}$	C_L	$\frac{U_{RRM}}{U_I}$	$\frac{I_{FAV}}{I_d}$	$\frac{S_T}{U_d \cdot I_d}$	$\frac{f_w}{f}$
M1 mit Ladekondensator 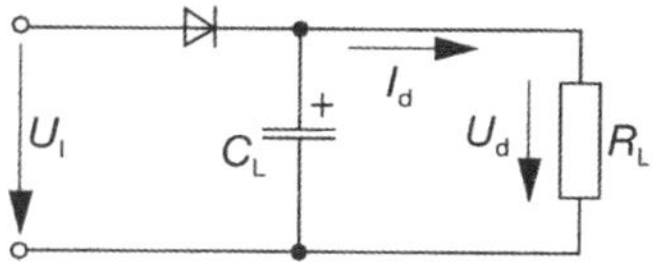	1,18	$\frac{0{,}25 \cdot I_d}{U_W \cdot f_w}$	2,83	1,43	1,73	1
B2 mit Ladekondensator 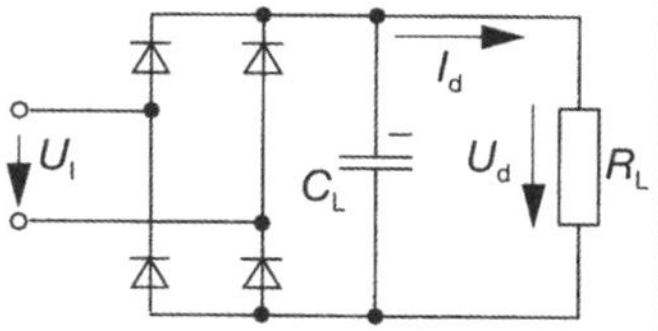	1,25	$\frac{0{,}2 \cdot I_d}{U_W \cdot f_w}$	1,41	0,72	1,24	2
M2 mit Ladekondensator 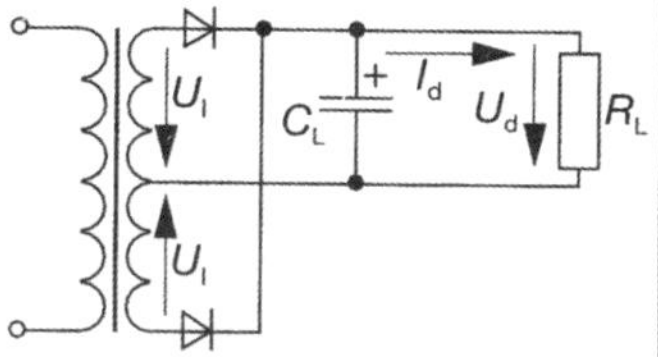	1,25	$\frac{0{,}2 \cdot I_d}{U_W \cdot f_w}$	2,83	0,72	1,48	2

19.2.2 Spannungsverdoppler und Vervielfacherschaltungen

Die Ausgangsspannungen sind nur für sehr kleine Lastströme geeignet.

U_I Effektivwert der Eingangswechselspannung

U_d arithmetischer Mittelwert der Ausgangsspannung (je nach Belastung)

$\hat{u}_I$ Maximalwert der Eingangswechselspannung

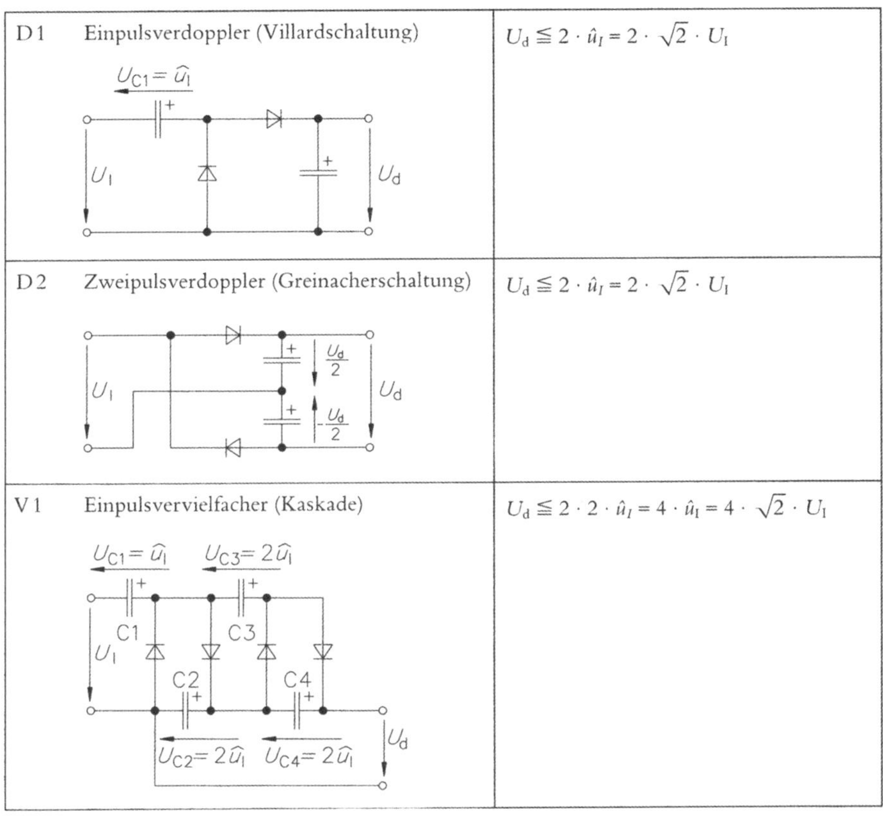

Schaltung	
D 1 Einpulsverdoppler (Villardschaltung)	$U_d \leqq 2 \cdot \hat{u}_I = 2 \cdot \sqrt{2} \cdot U_I$
D 2 Zweipulsverdoppler (Greinacherschaltung)	$U_d \leqq 2 \cdot \hat{u}_I = 2 \cdot \sqrt{2} \cdot U_I$
V 1 Einpulsvervielfacher (Kaskade)	$U_d \leqq 2 \cdot 2 \cdot \hat{u}_I = 4 \cdot \hat{u}_I = 4 \cdot \sqrt{2} \cdot U_I$

19.2.3 Gleichrichterschaltungen mit ohmscher und mit induktiver Last

Verwendete Formelzeichen:

U_I	Effektivwert der Eingangsspannung
U_d	arithmetischer Mittelwert der gleichgerichteten Spannung
U_{RRM}	periodische Diodenspitzen-Sperrspannung
U_W	Effektivwert der der Ausgangsspannung überlagerten Wechselspannung (Brummspannung)
I_I	Effektivwert des Wechselstroms; Trafostrom
I_d	arithmetischer Mittelwert des Gleichstroms
I_{FAV}	arithmetischer Mittelwert des Diodenstroms
I_{FRMS}	Effektivwert des Diodenstroms
S_T	Trafo-Typenleistung
f	Frequenz der Eingangsspannung
f_w	Pulsfrequenz der gleichgerichteten Spannung
w	Welligkeit der Ausgangsspannung $w = U_w/U_d$ in %

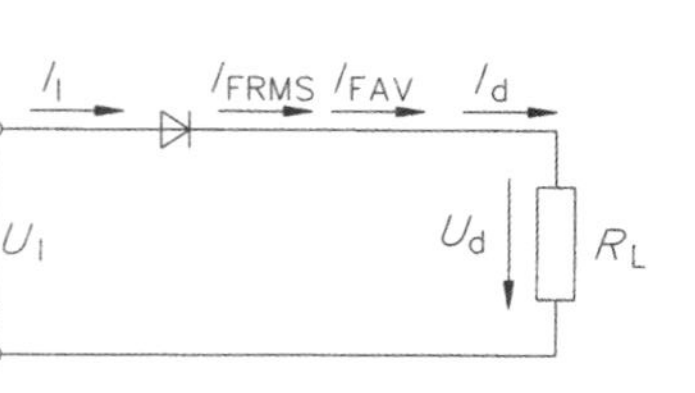

		$\frac{U_d}{U_I}$	$\frac{I_d}{I_I}$	$\frac{U_{RRM}}{U_d}$	$\frac{I_{FAV}}{I_d}$	$\frac{I_{FRMS}}{I_d}$	$\frac{S_T}{U_d \cdot I_d}$	$\frac{f_w}{f}$	w in %	Strom-fluss-winkel Diode
M1 Einpuls-Mittel-punktschaltung	$\frac{L}{R} = 0$	0,45	0,64	3,14	1	1,57	3,09	1	121	180°

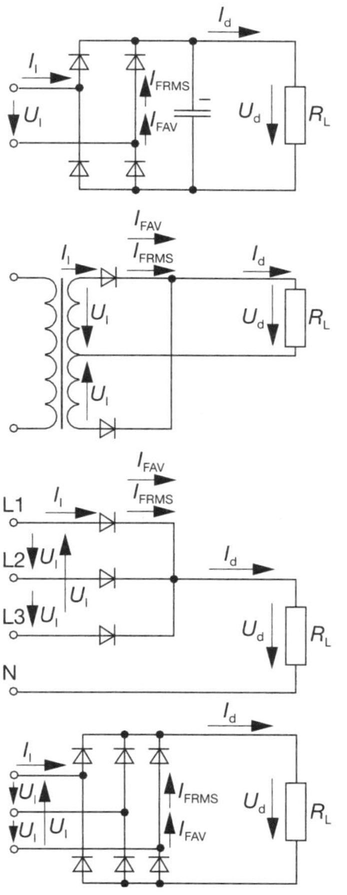

B 2 Zweipuls-Brückenschaltung	$\frac{L}{R} = 0$	0,9	0,9	1,57	0,5	0,785	1,23	2	48,2	180°
	$\frac{L}{R} = \infty$		1			0,707	1,11			
M 2 Zweipuls-Mittelpunktschaltung	$\frac{L}{R} = 0$	0,9	1,28	1,57	0,5	0,785	1,48	2	48,2	180°
M 3 Dreipuls-Mittelpunktschaltung	$\frac{L}{R} = \infty$	0,68	1,72	2,09	0,333	0,577	1,35	3	18,3	120°
B 6 Sechspuls-Brückenschaltung	$\frac{L}{R} = \infty$	1,35	1,22	1,05	0,333	0,577	1,05	6	4,2	120°

19.2.4 Steuerkennlinien u. Schaltungen gesteuerter Gleichrichterschaltungen

Abhängigkeit des Steuerwinkels α und von der Schaltungsart

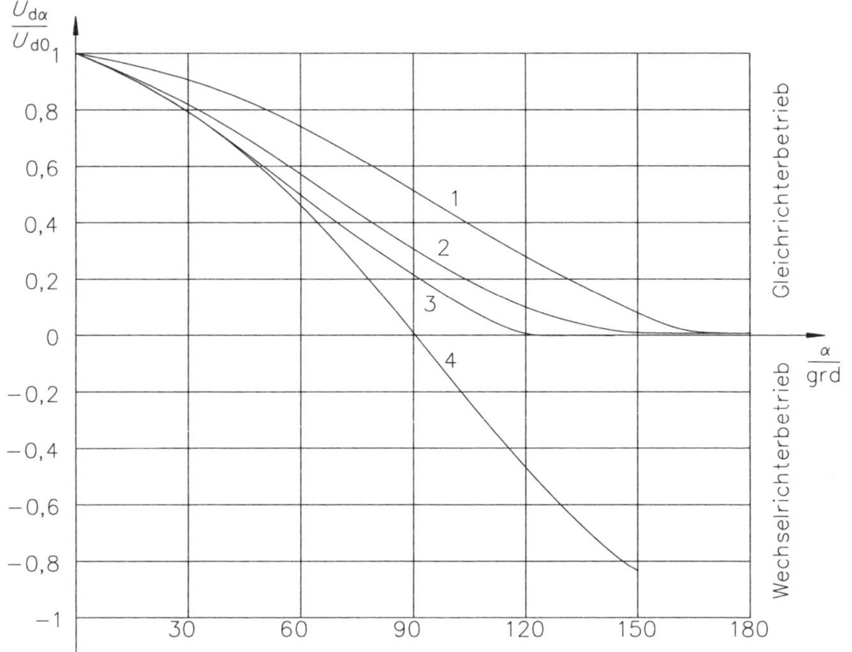

1. Zweipulsige vollgesteuerte Schaltung (B2C) mit ohmscher Last. Zweipulsige halbgesteuerte Schaltung (B2HZ, B2HK) mit ohmscher oder induktiver Last.
2. Dreipulsige vollgesteuerte Schaltung (M3C) mit ohmscher Last.
3. Sechspulsige vollgesteuerte Schaltung (B6C) mit ohmscher Last.
4. Zwei-, drei- und sechspulsige vollgesteuerte Schaltung (B2C, M3C, B6C) mit induktiver bzw. aktiver Last.

Gesteuerte Zweipuls-Brückenschaltung

B2C

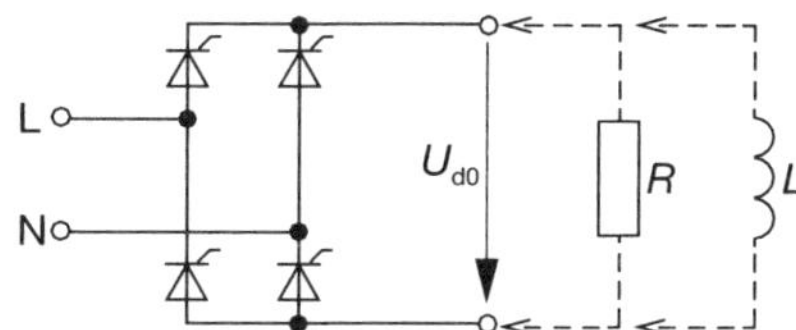

arithmetischer Mittelwert der Ausgangsspannung bei $\alpha = 0°$
$U_{d0} = 0{,}9 \cdot U_{LN}$

Halbgesteuerte Zweipuls-Brückenschaltung

B2HZ

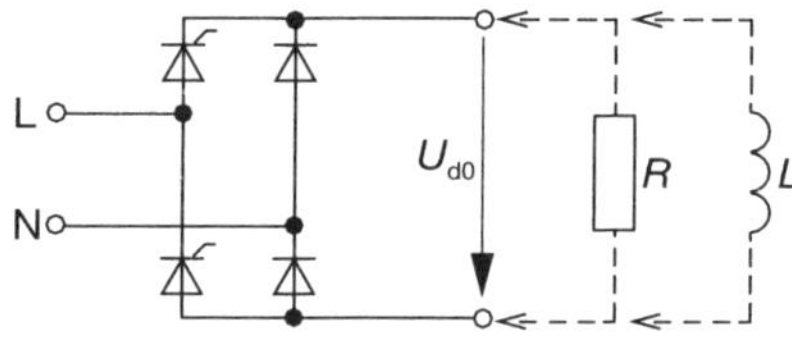

$U_{d0} = 0{,}9 \cdot U_{LN}$

B2HK

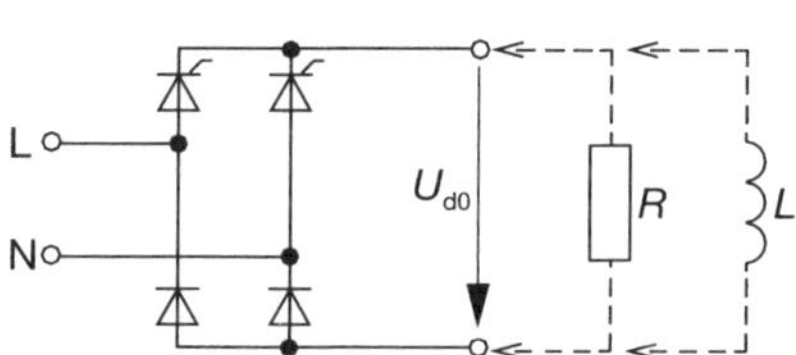

$U_{d0} = 0{,}9 \cdot U_{LN}$

Gesteuerte Dreipuls-Mittelpunktschaltung

M3C

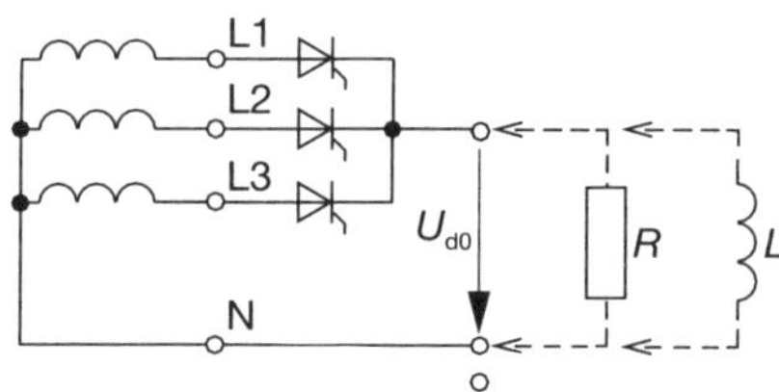

$U_{d0} = 0{,}68 \cdot U_{LL}$

Gesteuerte Sechspuls-Brückenschaltung

B6C

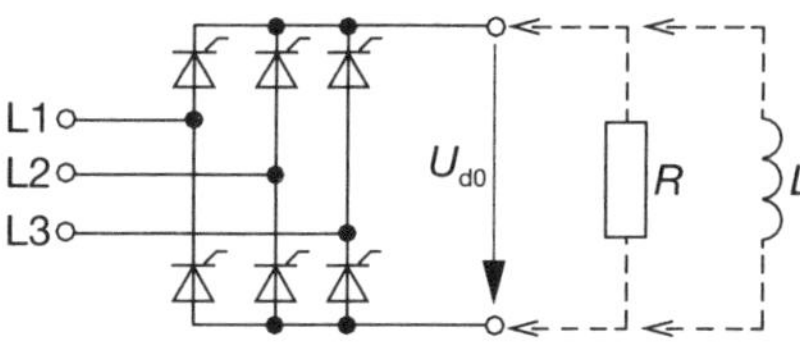

$U_{d0} = 1{,}35 \cdot U_{LL}$

19.3 Spannungsstabilisierung

19.3.1 Mit Z-Diode und Vorwiderstand

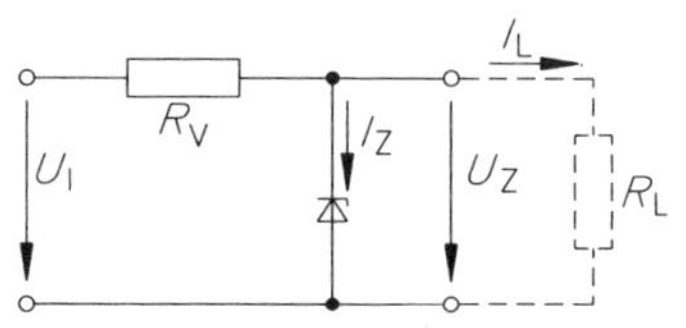

obere Grenze für Vorwiderstand:
$$R_{V\max} = \frac{U_{I\min} - U_Z}{I_{Z\min} + I_{L\max}}$$

untere Grenze für Vorwiderstand:
$$R_{V\min} = \frac{U_{I\max} - U_Z}{I_{Z\max} + I_{L\min}}$$

Verlustleistung im Vorwiderstand:
$$P_{RV} = \frac{(U_{I\max} - U_Z)^2}{R_V}$$

Verlustleistung der Z-Diode:
$$P_Z = \left(\frac{U_{I\max} - U_Z}{R_V} - I_{L\min}\right) \cdot U_Z$$

Zulässiger Z-Diodenstrom:
$$I_{Z\max} = \frac{P_{Z\max}}{U_Z}$$

Spannungsänderung an Z-Diode:
$$\Delta U_Z = \Delta I_Z \cdot r_Z$$
r_Z differenzieller Widerstand der Z-Diode im Arbeitspunkt

Glättungsfaktor:
$$G = \frac{U_{W1}}{U_{W2}} = \frac{\Delta U_I}{\Delta U_Z} = \frac{R_V}{r_Z} + 1 \approx \frac{R_v}{r_Z}$$

Stabilisierungsfaktor:
$$S =: G \cdot \frac{U_Z}{U_I}$$

Dimensionierungsvorschlag:
$$I_{Z\min} \approx 0{,}1 \cdot I_{Z\max}$$

19.3.2 Mit Z-Diode und Längstransistor

Ausgangsspannung:

$$U_Q = U_Z - U_{BE}$$

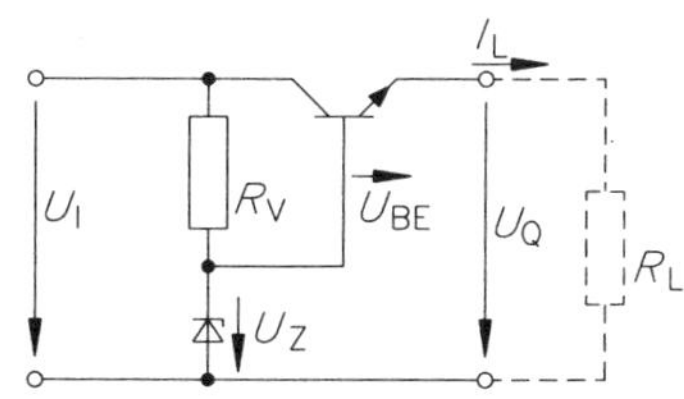

Basisstrom:

$$I_B = \frac{I_L}{B+1} \approx \frac{I_L}{B}$$

Strom in der Z-Diode:

$$I_Z = \frac{U_I - U_Z}{R_V} - I_B$$

Transistor-Verlustleistung:

$$P_T = (U_I - U_Q) \cdot I_L$$

obere Grenze für Vorwiderstand:

$$R_{V\,max} = \frac{U_{I\,min} - U_Z}{I_{Z\,min} + I_{L\,max}/B}$$

untere Grenze für Vorwiderstand:

$$R_{V\,min} = \frac{U_{I\,max} - U_Z}{I_{Z\,max} + I_{L\,min}/B}$$

19.4 Bipolartransistor als Schalter

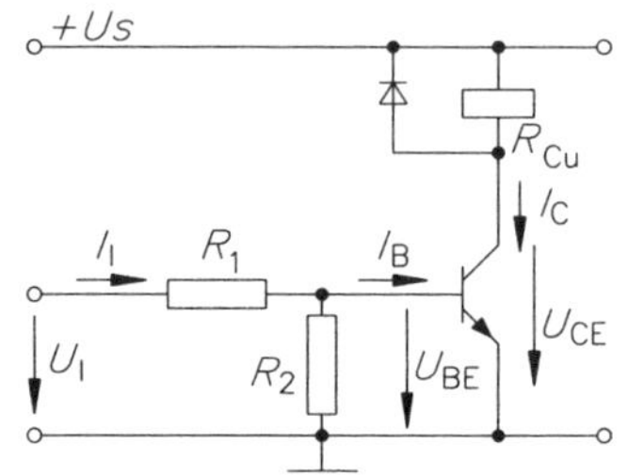

a) Transistor sperrt

Kollektorstrom:

$$I_C = 0$$

Basisstrom:

$$I_B = 0$$

bei $U_{BE} \leq 0{,}5\ \text{V}$

maximaler L-Pegel am Eingang:

$$U_{IL\,max} = U_{BE}\,\frac{R_1 + R_2}{R_2}$$

b) Transistor leitet (übersteuert)

Kollektorstrom:

$$I_C = \frac{U_S - U_{CEsat}}{R_{Cu}} \approx \frac{U_S}{R_{Cu}}$$

Basisstrom:

$$I_B = \frac{I_C \cdot \ddot{u}}{B}$$

Übersteuerungsfaktor:

$$\ddot{u} = \frac{B}{B'}$$

B garantierte Mindeststromverstärkung laut Datenblatt
B' erforderliche Stromverstärkung in der Schaltung

Eingangsstrom:

$$I_I = I_B + \frac{U_{BE}}{R_2}$$

minimaler H-Pegel am Eingang:

$$U_{IH\,min} = I_I \cdot R_1 + U_{BE}$$

Richtwerte für Dimensionierung (Siliziumtransistor)

für sperrenden Transistor:

$$U_{BE} \leq 0{,}5\ \text{V}$$

für leitenden Transistor:

$$U_{BE} \geq 0{,}7\ \text{V};\ U_{CEsat} \approx 0{,}2\ \text{V} \ldots 0{,}5\ \text{V}$$

Übersteuerungsfaktor:

$$\ddot{u} \approx 2 \ldots 5$$

19.5 Linearverstärker mit Transistoren

19.5.1 Nf-Verstärker mit Bipolartransistor in Emitterschaltung

Kollektorstrom:

$$I_C = \frac{U_S - U_{CE} - U_E}{R_C}$$

Basisstrom:

$$I_B = \frac{I_c}{B}$$

Spannungsteiler:

$$R_2 = \frac{U_{BE} + U_E}{I_q}$$

$$R_1 = \frac{U_S - U_{BE} - U_E}{I_q + I_B}$$

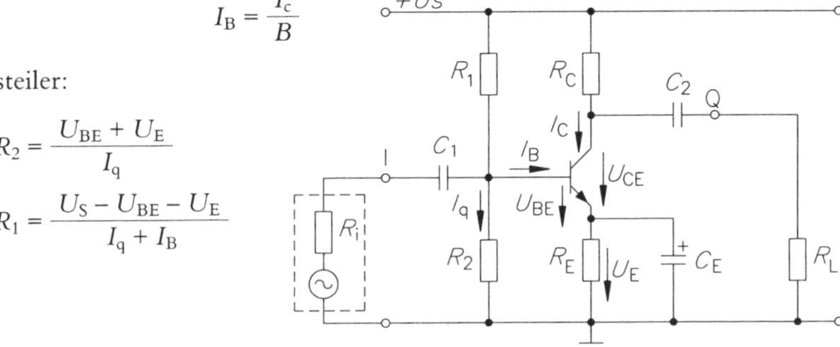

Richtwerte für Dimensionierung

$$R_C \leq R_L$$

Ausgangswiderstand:

$$r_Q = \frac{1}{\frac{1}{R_C} + \frac{1}{r_{CE}}} \approx R_C$$

$$U_{BE} \approx 0{,}65\ \text{V} \qquad U_E \approx 1\ \text{V} \qquad I_q \approx 5 \cdot I_B$$

$$U_{CE} \approx \frac{U_S - U_E}{2}$$ für maximale Aussteuerbarkeit

$$C_E \approx \frac{10}{2 \cdot \pi \cdot f_u \cdot R_E}$$ f_u untere Grenzfrequenz

$$C_1 \approx \frac{10}{2 \cdot \pi \cdot f_u \cdot r_I}$$

Eingangswiderstand:

$$r_I = \frac{1}{\frac{1}{R_1} + \frac{1}{R_2} + \frac{1}{r_{BE}}}$$

$$C_2 \approx \frac{10}{2 \cdot \pi \cdot f_u \cdot (R_L + R_C)}$$

19.5.2 Impedanzwandler mit Bipolartransistor in Kollektorschaltung (Emitterfolger)

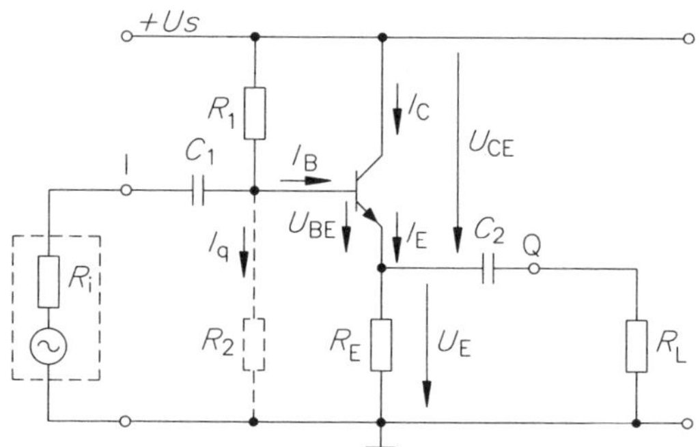

Kollektorstrom:

$$I_C = I_E - I_B \approx I_E = \frac{U_E}{R_E} = \frac{U_S - U_{CE}}{R_E}$$

Basisstrom:

$$I_B = \frac{I_C}{B} = \frac{I_E}{B+1} \approx \frac{I_E}{B}$$

Basisvorwiderstand ($I_q = 0$):

$$R_1 = \frac{U_S - U_E - U_{BE}}{I_B}$$

Basisspannungsteiler:

$$R_1 = \frac{U_S - U_E - U_{BE}}{I_B + I_q}$$

$$R_2 = \frac{U_E + U_{BE}}{I_q}$$

Eingangswiderstand:

$$r_I \approx (R_1 \,||\, R_2) \,||\, B \cdot (R_E \,||\, R_L)^*$$

Ausgangswiderstand:

$$r_Q \approx \frac{R_1 \,||\, R_2 \,||\, R_i}{B} \,||\, R_E{}^*$$

* Schreibweise für Parallelersatzwiderstand z. B.: $R_1 \,||\, R_2 = \dfrac{1}{\dfrac{1}{R_1} + \dfrac{1}{R_2}}$

19.5.3 Nf-Verstärker mit FET in Sourceschaltung

Steilheit der Steuerkennlinie im Arbeitspunkt (aus Datenblatt):

$$S = \frac{\Delta I_D}{\Delta U_{GS}}$$

Spannungsverstärkung:

$$v_U \approx S \cdot \frac{1}{\frac{1}{R_D} + \frac{1}{R_L}}$$

Sourcewiderstand:

$$R_S = \frac{|U_{GS}|}{I_D}$$

Eingangswiderstand:

$$r_I \approx R_G$$

Ausgangswiderstand:

$$r_Q \approx R_D$$

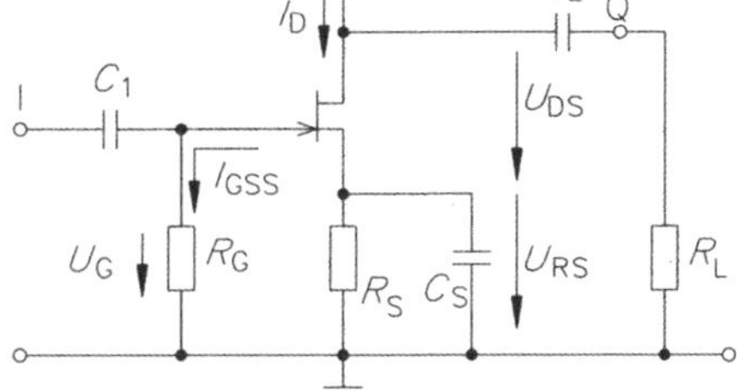

Richtwerte für Dimensionierung

$$R_D \leq R_L$$

$$U_{DS} \approx \frac{U_S - U_{RS}}{2}$$ für maximale Aussteuerbarkeit

R_G nur so groß, dass $U_G \ll U_{RS}$ auch bei größtem Sperrstrom I_{DSS}

$$R_G < \frac{0{,}1 \cdot U_{RS}}{I_{GSS}}$$

$$C_S \approx \frac{10}{2 \cdot \pi \cdot f_u \cdot R_S}$$ f_u untere Grenzfrequenz

$$C_1 \approx \frac{10}{2 \cdot \pi \cdot f_u \cdot R_G}$$

$$C_2 \approx \frac{10}{2 \cdot \pi \cdot f_u \cdot (R_D + R_L)}$$

19.5.4 Sperrschicht-FET in Drainschaltung (Sourcefolger)

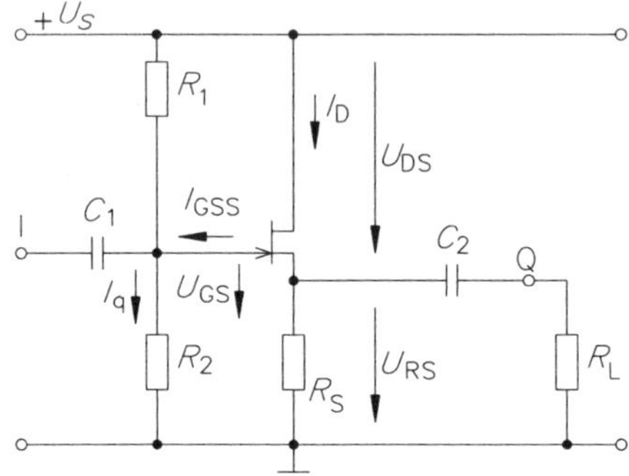

Steilheit der Steuerkennlinie im Arbeitspunkt (aus Datenblatt):

$$S = \frac{\Delta I_D}{\Delta U_{GS}}$$

Spannungsverstärkung:

$$V_U \approx 1$$

Eingangswiderstand:

$$r_I \approx \frac{1}{\frac{1}{R_1} + \frac{1}{R_2}}$$

Ausgangswiderstand:

$$r_Q \approx \frac{1}{S + \frac{1}{R_S}}$$

Spannungsteiler:

$$R_1 \approx \frac{U_S - U_{RS} + |U_{GS}|}{I_q}$$

$$R_2 \approx \frac{U_{RS} - |U_{GS}|}{I_q}$$

Richtwerte für Dimensionierung

$U_{DS} \approx U_S/2$ — für maximale Aussteuerbarkeit

$r_Q < R_L$

$I_q \gg I_{GSS}$ — I_{GSS} größter Gate-Sperrstrom (bei ϑ_{max})

19.6 Operationsverstärker

19.6.1 Kenndaten von Operationsverstärkern

Datenvergleich, Verstärker unbeschaltet:

Eigenschaft	idealer Verstärker	realer Verstärker Bipolar-Eingang Typ 741	FET-Eingang Typ LF355
Spannungsverstärkung	∞	106 dB	106 dB
Eingangswiderstand	∞	2 MΩ	1 TΩ
Ausgangswiderstand	0	75 Ω	50 Ω
Gleichtaktunterdrückung	∞	90 dB	100 dB
Transitfrequenz	∞	1 MHz	20 MHz
Anstiegsgeschwindigkeit	∞	0,5 V/µs	50 V/µs

Spannungsverstärkung:

$$V_D = \Delta U_Q \,/\, \Delta U_I$$ (Differenzverstärkung)

Eingangswiderstand:

$$R_L = \Delta U_I \,/\, \Delta I_I$$

Ausgangswiderstand:

$$R_Q = \Delta U_Q \,/\, \Delta I_Q$$

Anstiegsgeschwindigkeit:

$$\Delta U_Q / \Delta t$$ bei Spannungssprung am Eingang

Gleichtaktunterdrückung:

$$V_D / V_{Gl}$$

V_D Differenzverstärkung
V_{Gl} Gleichtaktverstärkung

Transitfrequenz f_T, die Frequenz, bei der v_D auf 0 dB abgesunken ist.

Obere Grenzfrequenz eines OP-Verstärkers mit Gegenkopplung:

$$f_0 = \frac{f_T}{V_U}$$

19.6.2 Invertierender Verstärker

$$V_u = -\frac{R_f}{R_1}$$

$$R_I = R_1$$

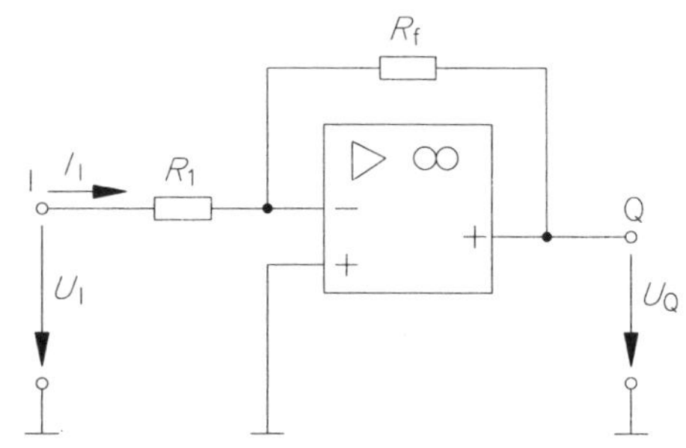

19.6.3 Nichtinvertierender Verstärker

$$V_u = 1 + \frac{R_f}{R_1}$$

$$R_I \to \infty$$

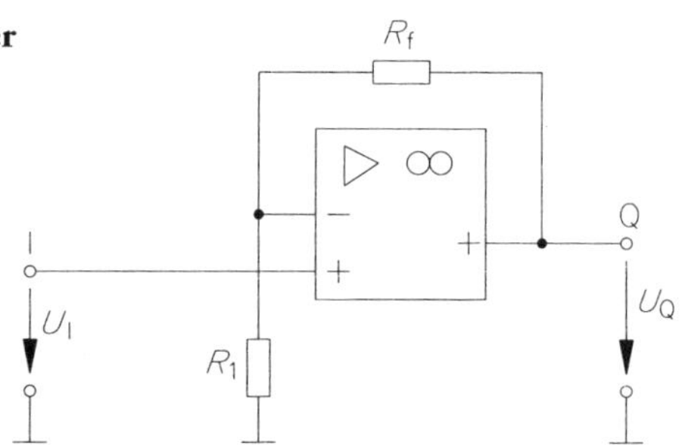

19.6.4 Impedanzwandler (Spannungsfolger)

$$V_u = 1$$

$$R_I \to \infty$$

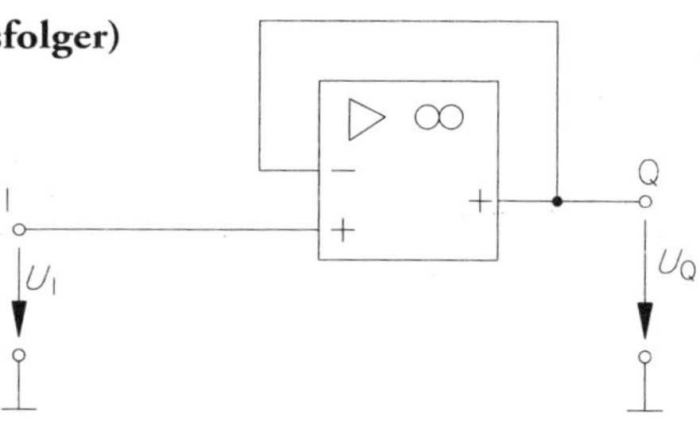

19.6.5 Summierender Verstärker (Addierer)

$$U_Q = -R_f \left(\frac{U_{I1}}{R_{11}} + \frac{U_{I2}}{R_{12}} + \frac{U_{I3}}{R_{13}} \right)$$

$$R_{I1} = R_{11}$$

Wenn $R_{11} = R_{12} = R_{13}$:

$$U_Q = -\frac{R_f}{R_{11}} \cdot (U_{I1} + U_{I2} + U_{I3})$$

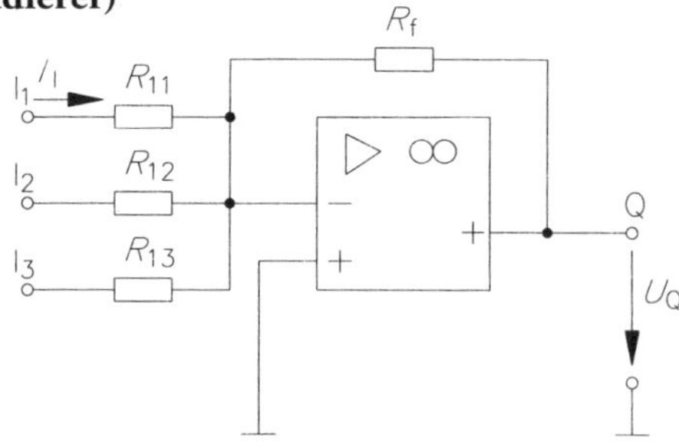

19.6.6 Subtrahierender Verstärker (Differenzverstärker)

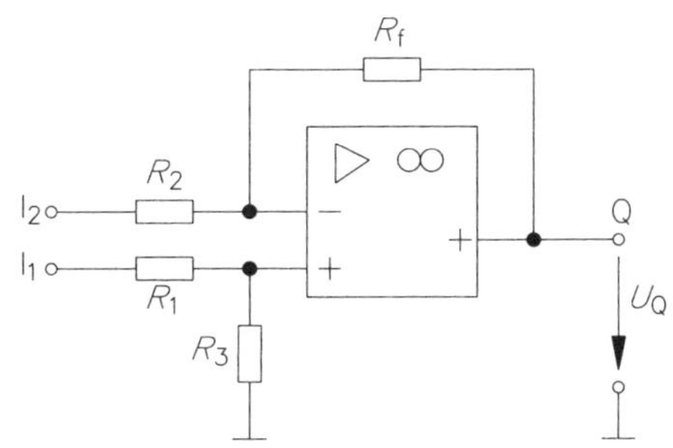

Mit $\frac{R_f}{R_2} = \frac{R_3}{R_1}$:

$$U_Q = \frac{R_f}{R_2} \cdot (U_{I1} - U_{I2})$$

19.6.7 Schmitt-Trigger (invertierend)

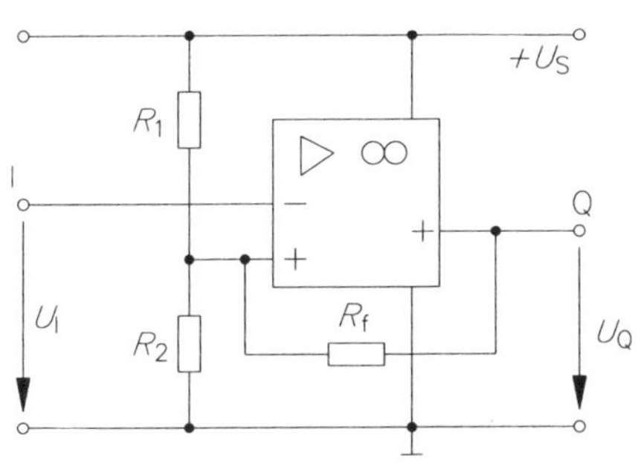

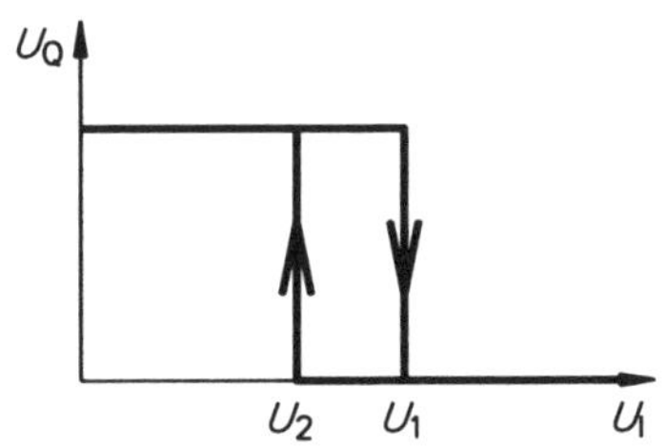

$$U_1 = U_S \cdot \frac{R_2}{(R_1 \parallel R_f) + R_2}\text{*} \qquad R_I \rightarrow \infty$$

$$U_2 = U_S \cdot \frac{R_2 \parallel R_f}{(R_2 \parallel R_f) + R_1}\text{*}$$

Hysterese:

$$\Delta U = U_1 - U_2$$

19.6.8 Integrierender Verstärker (Integrierer)

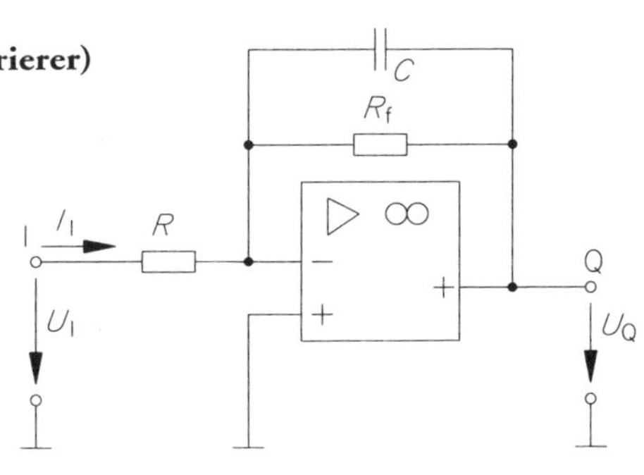

$R_f \gg R$ (Offsetkompensation)

$$\Delta u_Q = -\frac{U_I \cdot \Delta t}{R \cdot C} \text{ bei } U_I = \text{konstant}$$

Eingangswiderstand: $R_I = R$

Spannungsverstärkung bei sinusförmigem Signal:

$$|V_u| = \frac{X_C}{R} = \frac{1}{2 \cdot \pi \cdot f \cdot R \cdot C}$$

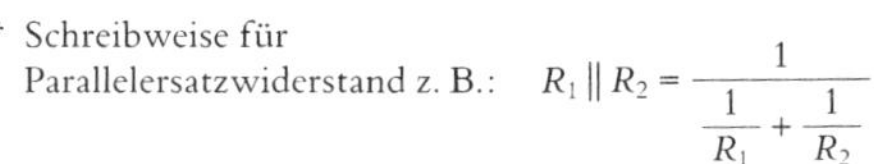

* Schreibweise für Parallelersatzwiderstand z. B.: $R_1 \parallel R_2 = \frac{1}{\frac{1}{R_1} + \frac{1}{R_2}}$

19.6.9 Differenzierender Verstärker (Differenzierer)

$$u_Q = -R \cdot C \cdot \frac{\Delta u_I}{\Delta t}$$

Spannungsverstärkung bei sinusförmigem Signal:

$$|V_u| = \frac{R}{X_C} = 2 \cdot \pi \cdot f \cdot R \cdot C$$

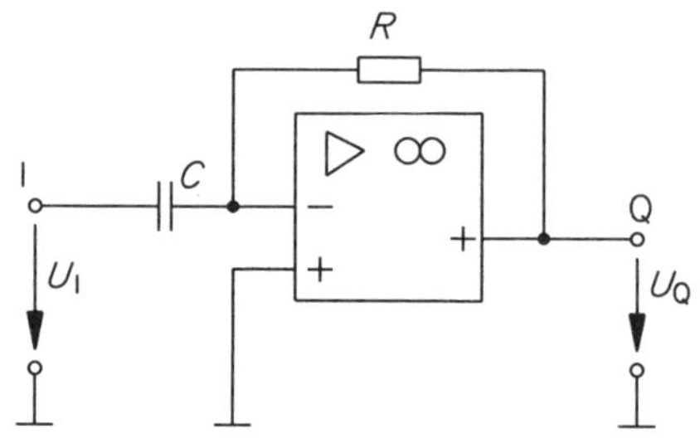

19.6.10 Konstantspannungsquelle

$$U_Q = U_Z$$

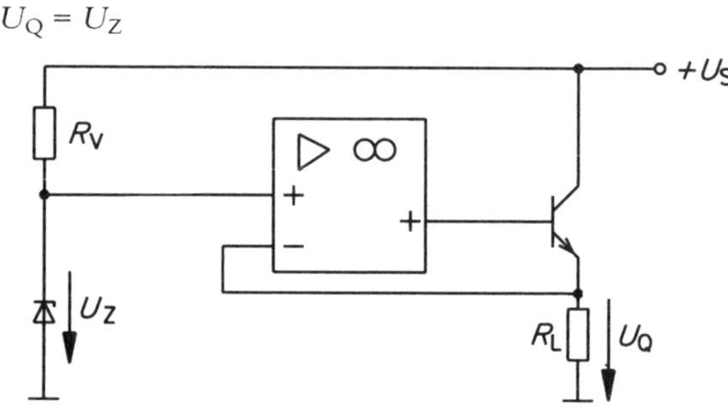

19.6.11 Konstantstromquelle

$$I = \frac{U_Z}{R}$$

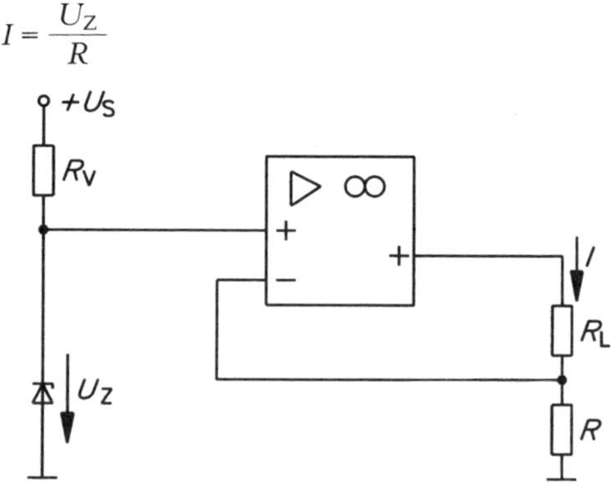

20 Funktionssymbole der Digital- und Steuerungstechnik

20.1 Verknüpfungsglieder

Benennung	Funktionssymbol	Wahrheitstafel B	A	Q	Funktionsgleichung
NICHT (NOT) (Negation)	A — 1 o— Q		0 1	1 0	$Q = \overline{A}$
UND (AND) (Konjunktion)	A, B — & — Q	0 0 1 1	0 1 0 1	0 0 0 1	$Q = A \wedge B$
ODER (OR) (Disjunktion)	A, B — ≧1 — Q	0 0 1 1	0 1 0 1	0 1 1 1	$Q = A \vee B$
NAND	A, B — & o— Q	0 0 1 1	0 1 0 1	1 1 1 0	$Q = \overline{A \wedge B}$
NOR	A, B — ≧1 o— Q	0 0 1 1	0 1 0 1	1 0 0 0	$Q = \overline{A \vee B}$
EXKLUSIV- ODER (EXOR) (Antivalenz)	A, B — =1 — Q	0 0 1 1	0 1 0 1	0 1 1 0	$Q = A \wedge \overline{B} \vee \overline{A} \wedge B$
ÄQUIVALENZ EXNOR	A, B — = — Q	0 0 1 1	0 1 0 1	1 0 0 1	$Q = \overline{A} \wedge \overline{B} \vee A \wedge B$

20.2 Bistabile Kippglieder

Benennung	Funktionssymbol	Wahrheitstafel		
		A	*B*	*Q*
R S-Kippglied	A — S; B — R; — Q; —o	0	0	unverändert
		0	1	0 rücksetzen
		1	0	1 setzen
		1	1	verboten
R S-Kippglied mit Priorität für Rücksetzen	A — S 1 — Q; B — R1 1 —o	*A*	*B*	*Q*
		0	0	unverändert
		0	1	0 rücksetzen
		1	0	1 setzen
		1	1	0 rücksetzen
R S-Kippglied mit Priorität für Setzen	A — S1 1 — Q; B — R 1 —o	*A*	*B*	*Q*
		0	0	unverändert
		0	1	0 rücksetzen
		1	0	1 setzen
		1	1	1 setzen
R S-Kippglied mit Priorität für das zuerst eintreffende Signal	A — G1/$\overline{2}$S — Q; B — G2/$\overline{1}$R —o	*A*	*B*	*Q*
		0	0	unverändert
		0	1	0 rücksetzen
		1	0	1 setzen
		1	1	unverändert
$\overline{R}\,\overline{S}$-Kippglied	A —o S — Q; B —o R —o	*A*	*B*	*Q*
		0	0	verboten
		0	1	1 setzen
		1	0	0 rücksetzen
		1	1	unverändert

Taktgesteuerte, bistabile Kippglieder

Q_{tn} Zustand vor dem Taktimpuls

Q_{tn+1} Zustand nach dem Taktimpuls

Kippglied	Schaltzeichen				
RS-Kippglied mit Taktzustandssteuerung	A 1S, C C1, B 1R, Q	*A*	*B*	Q_{tn+1}	
		0	0	Q_{tn}	unverändert
		0	1	0	rücksetzen
		1	0	1	setzen
		1	1	–	verboten
JK-Kippglied, einflankengesteuert (mit abfallender Flanke)	A 1J, C C1, B 1K, Q	*A*	*B*	Q_{tn+1}	
		0	0	Q_{tn}	unverändert
		0	1	0	rücksetzen
		1	0	1	setzen
		1	1	$\overline{Q}_{tn}$	Änderung
JK-Master-Slave-Kippglied, zweiflankengesteuert (Vorbereitung mit ansteigender und Ausgangsänderung mit abfallender Flanke)	A 1J, C C1, B 1K, Q	*A*	*B*	Q_{tn+1}	
		0	0	Q_{tn}	unverändert
		0	1	0	rücksetzen
		1	0	1	setzen
		1	1	$\overline{Q}_{tn}$	Änderung
T-Kippglied, Binärteiler (Frequenzteiler)	C T, Q	$Q_{tn+1} = \overline{Q}_{tn}$			
D-Kippglied, zustandsgesteuert	A 1D, C C1, Q	*C*	*A*	Q_{tn+1}	
		0	0	Q_{tn}	unverändert
		0	1	Q_{tn}	unverändert
		1	0	0	rücksetzen
		1	1	1	setzen
D-Kippglied, zweiflankengesteuert	A 1D, C C1, Q		*A*	Q_{tn+1}	
			0	0	rücksetzen
			1	1	setzen

20.3 Monostabile Kippglieder, Verzögerungsglied

Benennung	Funktionssymbol	Signal-Zeit-Diagramm
monostabiles Kippglied allgemein (*MF*)	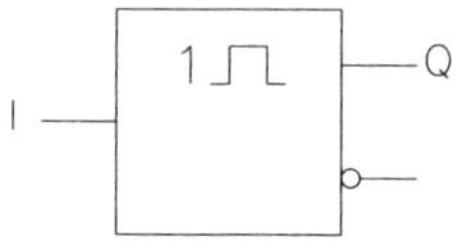 1 ⎍ ; I ; Q	
MF nicht nachtriggerbar mit Angabe der Impulszeit, Triggerung mit ansteigender Flanke	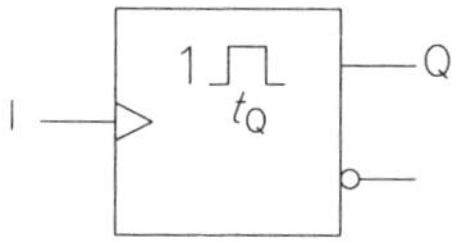 1 ⎍ t_Q ; I ; Q	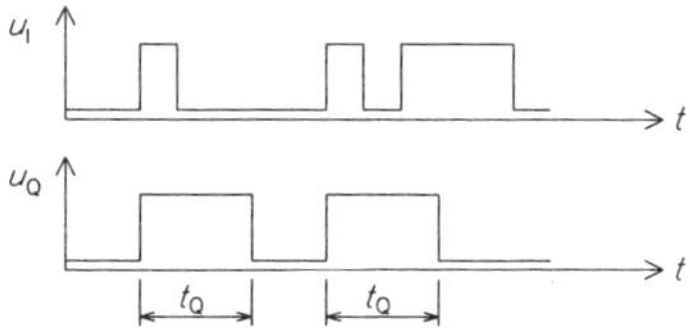 u_I ; u_Q ; t ; t_Q ; t_Q
MF nachtriggerbar mit Angabe der Impulszeit, Triggerung mit ansteigender Flanke	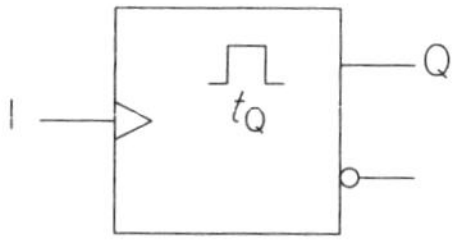 ⎍ t_Q ; I ; Q	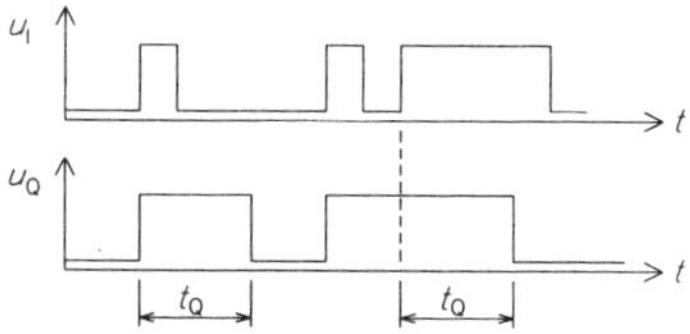 u_I ; u_Q ; t ; t_Q ; t_Q
Verzögerungsglied mit Angabe der Verzögerungszeiten	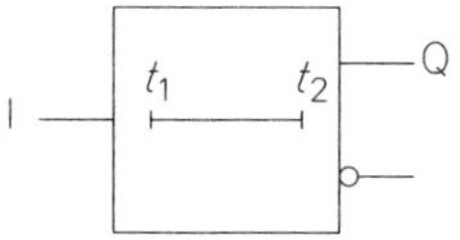 t_1 t_2 ; I ; Q	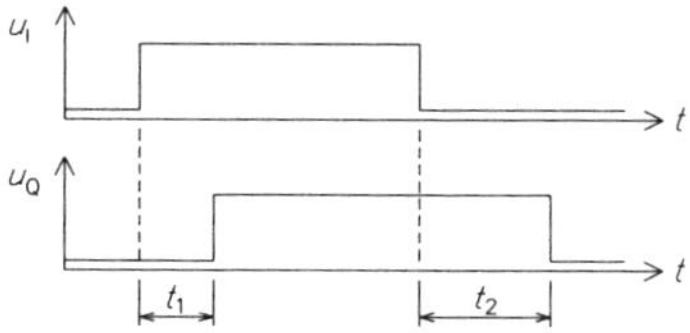 u_I ; u_Q ; t ; t_1 ; t_2

20.4 Zähler, Schieberegister (Beispiele)

in vereinfachter Darstellung mit Steuerblock

Benennung	Funktionssymbol	Bemerkung
4-Bit-vorwärtszählender Dualzähler von 0 bis 15 (Teiler durch 16)	CTRDIV16; C → +; $\bar{R}$ → R; Ausgänge Q_A, Q_B, Q_C, Q_D	Bei jeder abfallenden Flanke an *C* erhöht sich der Zählerinhalt um den Wert 1 (wenn am Rückstelleingang $\bar{R}$ = 1).
dezimaler Vor-/Rückwärtszähler (BCD-Zähler, Zähldekade) mit Eingängen für paralleles Laden	CTRDIV10; C_1 → 2+, G1; C_2 → 1−, G2; C_3 → C3; R; I_A → 3D [1] → Q_A; I_B → 3D [2] → Q_B; I_C → 3D [4] → Q_C; I_D → 3D [8] → Q_D	Wenn C_2 = 1, erhöht sich der Zählerinhalt mit jeder abfallenden Flanke an C_1 um den Wert 1. Bei C_1 = 1 erniedrigt sich der Zählerinhalt bei jeder abfallenden Flanke an C_2 um den Wert 1. Mit der abfallenden Flanke an C_3 übernimmt der Zähler den an den Paralleleingängen I_A bis I_D anstehenden Wert.
4-Bit-Schieberegister rechtsschiebend mit Eingängen für paralleles Laden	SRG4; C_1 → C1 →; C_2 → C2; I_S → 1D; I_A → 2D → Q_A; I_B → 2D → Q_B; I_C → 2D → Q_C; I_D → 2D → Q_D	Mit der abfallenden Flanke am Eingang C_1 erfolgt die Verschiebung des Inhalts um eine Stelle höher (nach unten). Das am seriellen Eingang I_S anliegende Signal wird in das erste Kippglied übernommen. Mit der abfallenden Flanke an C_2 übernimmt das SRG den an den Paralleleingängen I_A bis I_D anstehenden Wert.

20.5 Automatisierungstechnik (Befehlsdarstellung)

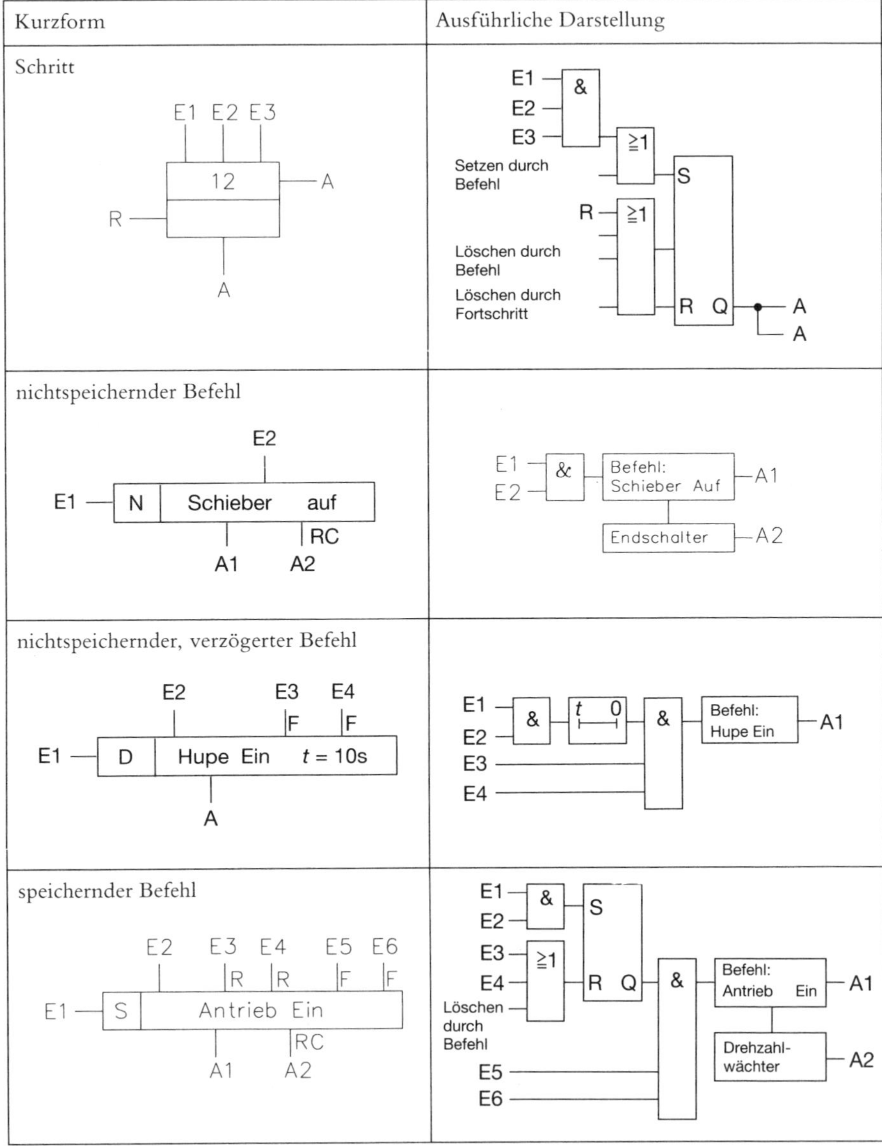

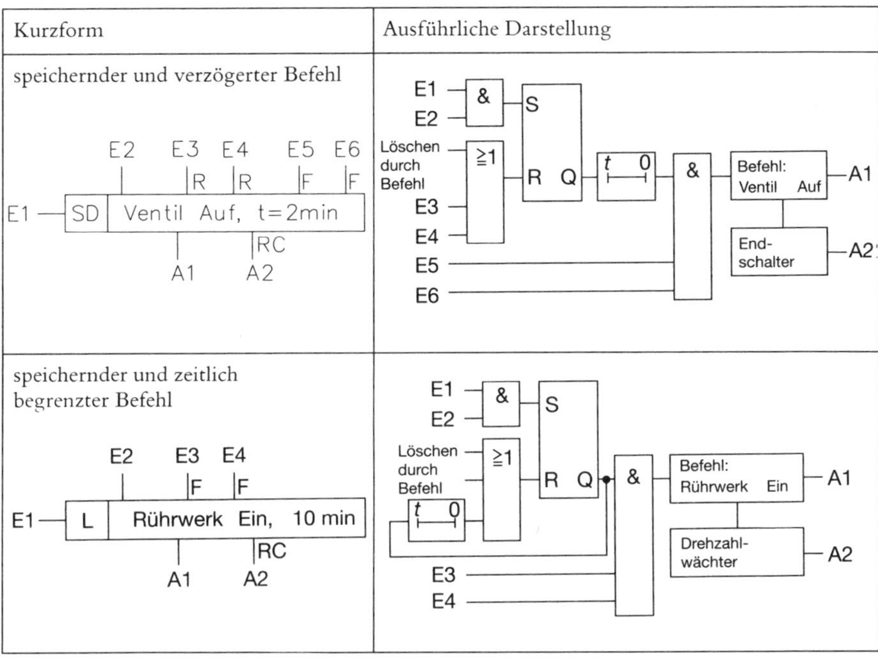
Kurzform
Ausführliche Darstellung
speichernder und verzögerter Befehl
E2 E3 E4 E5 E6
R R F F
E1 SD Ventil Auf, t=2min
RC
A1 A2
E1 & S
E2
Löschen durch Befehl ≥1
R Q
t 0
&
Befehl: Ventil Auf
A1
E3
E4
E5
E6
End-schalter
A2
speichernder und zeitlich begrenzter Befehl
E2 E3 E4
F F
E1 L Rührwerk Ein, 10 min
RC
A1 A2
E1 & S
E2
Löschen durch Befehl ≥1
t 0
R Q
&
Befehl: Rührwerk Ein
A1
Drehzahl-wächter
A2
E3
E4

21 Tabellen

21.1 Materialkonstanten einiger Stoffe (bei $\vartheta = 20\ °C$)

Stoff	elektrische Leitfähigkeit $\gamma;\ \kappa$ in $\frac{m}{\Omega \cdot mm^2}$	Dichte ρ in $\frac{kg}{dm^3}$	spezifische Wärmemenge c in $\frac{J}{kg \cdot K}$	Temperaturbeiwert des elektr. Widerstands α in $\frac{\Omega}{\Omega \cdot K} = \frac{1}{K}$	elektrochemisches Äquivalent c in $\frac{mg}{A \cdot s}$
Aluminium	36	2,7	891,8	$4{,}0 \cdot 10^{-3}$	$9{,}4 \cdot 10^{-2}$
Blei	4,8	11,34	125,6	$4{,}2 \cdot 10^{-3}$	1,072
Bronze	36	8,5	388	$5{,}0 \cdot 10^{-3}$	
Chromnickel	1	8,5	460,2	$7{,}0 \cdot 10^{-4}$	
Eis		0,9	2093,4		
Eisen	10	7,85	460,2	$5{,}8 \cdot 10^{-3}$	$2{,}89 \cdot 10^{-1}$
Gold	43,5	19,3	133	$3{,}8 \cdot 10^{-3}$	$6{,}81 \cdot 10^{-1}$
Graphit	0,02	2,2			$-0{,}2 \cdot 10^{-3}$
Konstantan	2	8,8	418,7	$\pm 4{,}0 \cdot 10^{-5}$	
Kupfer	56	8,9	385	$3{,}9 \cdot 10^{-3}$	$3{,}28 \cdot 10^{-1}$
Messing	13,5	8,5	388	$1{,}5 \cdot 10^{-3}$	
Nickelin	2,5	8,8	395,5	$\pm 1{,}5 \cdot 10^{-4}$	$3{,}04 \cdot 10^{-1}$
Öl		0,91	1674		
Silber	62,5	10,5	244,2	$3{,}6 \cdot 10^{-3}$	1,118
Silizium	250	2,3			$-75 \cdot 10^{-3}$
Stahl	7,7	7,85	477	$5{,}2 \cdot 10^{-3}$	
Wasser		1	4186,8		
Wolfram	18,6	19,3	133	$4{,}8 \cdot 10^{-3}$	
Zink	15,9	7,2	388	$3{,}7 \cdot 10^{-3}$	$3{,}39 \cdot 10^{-1}$

21.2 Internationale Normreihen

E 6	1,0				1,5				2,2				3,3				4,7				6,8			
E 12	1,0		1,2		1,5		1,8		2,2		2,7		3,3		3,9		4,7		5,6		6,8		8,2	
E 24	1,0	1,1	1,2	1,3	1,5	1,6	1,8	2,0	2,2	2,4	2,7	3,0	3,3	3,6	3,9	4,3	4,7	5,1	5,6	6,2	6,8	7,5	8,2	9,1
Toleranzen zu den einzelnen Reihen sind: E 6: ± 20%; E 12: ± 10%; E 24: ± 5%																								

21.3 Internationale Farbkennzeichnungen von Widerständen und Kondensatoren (bis Reihe E24)

Farbe der Punkte oder Ringe		Schwarz	Braun	Rot	Orange	Gelb	Grün	Blau	Violett	Grau	Weiß	Gold	Silber	ohne Farbe
	Bedeutung													
1. Ring	1. Ziffer	–	1	2	3	4	5	6	7	8	9	–	–	–
2. Ring	2. Ziffer	0	1	2	3	4	5	6	7	8	9	–	–	–
3. Ring	Multiplikator	1	10	10^2	10^3	10^4	10^5	10^6	10^7	10^8	10^9	0,1	0,01	–
4. Ring	Toleranz in %	–	± 1	± 2	–	–	± 0,5	–	–	–	–	± 5	± 10	± 20
5. Ring*	Betriebssp. in V	–	100	200	300	400	500	600	700	800	900	1000	2000	500

Die Farbkennzeichnung von Widerständen entspricht DIN 41 429 Werte in Ω oder pF

* Bei Kondensatoren werden meist 5 Punkte oder Ringe verwendet.

Widerstände der Reihen E48 (±2%) und E96 (±1%) benötigen drei Ziffern und sind durch fünf Farbringe mit folgender Bedeutung gekennzeichnet:
1. Ring = 1. Ziffer; 2. Ring = 2. Ziffer; 3. Ring = 3. Ziffer; 4. Ring = Multiplikator; 5. Ring = Toleranz

21.4 Kennzeichnung von Kondensatoren

a) nur mit Ziffern

1. Zahl = Nennkapazität in µF oder pF (muss aus Baugröße und -art erkannt werden)
2. Zahl = Toleranz der Nennkapazität
3. Zahl = Nennspannung

Bei Elektrolytkondensatoren sind meist nur Nennkapazität und Nennspannung angegeben:

Beispiele:

Kunststoff-Folienkondensator	10000/10/400	= 10 nF ±10% / 400 V
Kunststoff-Folienkondensator	0,47/20/100	= 0,47 µF ±20% / 100 V
Elektrolytkondensator	220/25	= 220 µF / 25 V

b) mit Ziffern und Buchstaben

1. Kennbuchstabe: Multiplikator:

p	10^{-12}	Pico
n	10^{-9}	Nano
µ	10^{-6}	Mikro
m	10^{-3}	Milli

2. Kennbuchstabe: Toleranzgrenzen:

B	±0,1%	W	+20% ... 0
C	±0,25%	Q	+30% ... –10%
D	±0,5%	R	+30% ... –20%
F	±1%	Y	+50% ... 0
G	±2%	T	+50% ... –10%
H	±2,5%	S	+50% ... –20%
J	±5%	U	+80% ... 0
K	±10%	Z	+80% ... –20%
M	±20%	V	+100% ... –10%
N	±30%		

Beispiele:	3n3K	3,3 nF ±10%
	p470M	470 pF ±20%
	22µR	22 µF +30% ... –20%

21.5 Bezeichnungsschema für Halbleiterbauelemente nach dem Proelektron-Typenschlüssel

Beispiel:

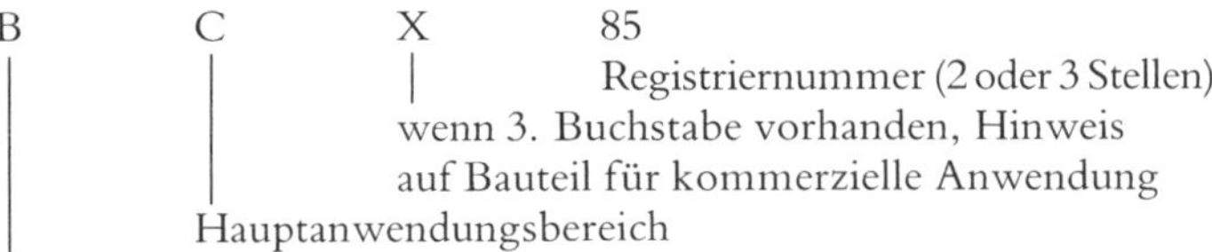

1. Buchstabe: Halbleitermaterial

A Germanium
B Silizium
Verbindungshalbleiter (Gruppe III/V):
C Galliumarsenid (z. B. für Leuchtdioden)
D Indiumantimonid (z. B. für Hall-Generatoren und Feldplatten)
R Fotohalbleitermaterial z. B. Kadmiumsulfid (Fotowiderstand)

2. Buchstabe: Hauptanwendungsbereich (bei Bauelementen höherer Leistung ist der thermische Widerstand zwischen Sperrschicht und Gehäuse $R_{thJG} \leq 15$ K/W)

A Signaldiode
B Kapazitätsdiode, Abstimmdiode
C Transistor kleiner Leistung für Nf-Anwendung
D Transistor höherer Leistung für Nf-Anwendung
E Tunneldiode
F Transistor kleiner Leistung für Hf-Anwendung
H Hall-Feldsonde
K Hall-Generator im magnetisch offenen Kreis
L Transistor höherer Leistung für Hf-Anwendung
M Hall-Generator im magnetisch geschlossenen Kreis
N Optoelektronisches Koppelelement (Optokoppler)
P Strahlungsempfindliches Element (z. B. Fotodiode)
Q Strahlungserzeugendes Element (z. B. LED, IRED)
R Schalterelement kleiner Leistung mit elektrischer Auslösung (z. B. Unijunction-Transistor)
S Transistor kleiner Leistung für Schalteranwendung
T Schalterelement höherer Leistung mit elektrischer Auslösung oder durch Strahlung (z. B. Thyristor)
U Transistor höherer Leistung für Schalteranwendung
X Vervielfacherdiode (Varaktordiode)
Y Gleichrichterdiode
Z Z-Diode, Referenzdiode, Spannungsbegrenzerdiode

3. Buchstabe: (wenn vorhanden)

weist auf kommerzielle Anwendung hin, d. h. engere Toleranzen und strengere Qualitätsprüfung.

Ziffern: Zwei- bis dreistellige, fortlaufende Registriernummer

Angehängte Zusatzbezeichnung bei Z-Dioden:
z. B. BZX 85–C5V6

Der erste Buchstabe gibt die Toleranz der Z-Spannung an:

A	1% (E96)
B	2% (E48)
C	5% (E24)
D	10% (E12)
E	20% (E6)

Die nachfolgende Zahl gibt die Nenn-Z-Spannung an, wobei das V die Stelle des Dezimalpunktes annimmt: 5V6 = 5,6 V

Stichwortverzeichnis

A
Abschaltstrom 57
Abschaltzeiten 67 ff.
Ampere 27
Anlagenerder 58
Antennenanlage 71 ff.
ÄQUIVALENZ 105
Arbeit, elektrische 27
arithmetische Mittelwerte 54 f.
Automatisierungstechnik 105 f.

B
Bandbreite 47 f.
Beleuchtungsstärke 80 f.
Beleuchtungstechnik 80 f.
Beleuchtungswirkungsgrad 80
Berührungsschutz 57
Beschleunigung 25
Bipolartransistor 84
Blindleistung 39
Blindleistungskompensation 43
Blindwiderstand 38
Brückenschaltung 32, 90
Brummspannung 90 f.

C
Coulomb 27, 34

D
Dämpfungsmaß 74
Darlingtontransistor 85
DIAC 86
Dichte (Tabelle) 24 (112)
Dielektrizitätszahl 34
Differenzierer (OP) 104
Digitaltechnik 105 ff.
Diode 83 f.
Drahtlänge 24
Drainschaltung 99
Drehfeldmotor, -drehzahl 50
Drehmoment 23
Drehstromverbraucher 44
Dreieckschaltung 44
Dreiphasenwechselspannung 44
Durchflutung 35
Durchschlagfestigkeit 34
Dynamik 26

E
Effektivwerte 54 ff.
e-Funktion 53
elektrisches Feld 34
Elektrizitätsmenge 27
elektrochemisches Äquivalent 28
–, Tabelle 112
Emitterfolger 98
Energie
– im Kondensator 34
–, mechanische 26
Erdungswiderstand 58
E-Reihen 113
Ersatzschaltbild
–, Spannungsquelle 30 f.
–, Spannungsteiler 31
Eulersche Zahl 51
EXOR, EXKLUSIV-ODER usw. 105
Exponentialfunktionen 53

F
Farad 34
Faradaysches Gesetz 34
Farbkennzeichnung, -code 113
Fehlerstromschutzschalter 58
Feldkonstante
–, elektrische, magnetische 34 f.
Feldplatte 82
Feldstärke
–, elektrische, magnetische 34 f.
Flächenberechnung 19
Fliehkraft 25 f.
Flussdichte 35 f.
Fotodiode 84

Fotoelement 84
Fototransistor 85
Fotowiderstand 82
Frequenz 38
Füllfaktor 24
Funktionssymbole 105 ff.

G
geometrische Zeichen 17
Geschwindigkeit 25
Getriebe 23
Gewicht 24
Gewichtskraft 24
Glättungsfaktor
–, Siebglieder, Z-Diode 47, 94
Gleichrichterdiode 83
Gleichrichterschaltungen 88 ff.
Greinacherschaltung 89
Grenzfrequenz 45
griechisches Alphabet 18
GTO-Thyristor 87
Güte, Schwingkreis 48

H
Halbleiterbauelemente 82 ff.
Hallgenerator 83
Hebelgesetz 23
Heißleiter 82
Henry 36
Herz 38
Hochpass 45 f.
Hypotenuse 22

I
Impedanz 38
Impedanzwandler
– mit OP 102
– mit Transistor 98
Induktion 36
Induktionsgesetz 36
Induktivität 36
Infrarotdiode 83
Innenwiderstand
–, Spannungsquelle 30 ff.
–, Spannungsteiler 31
Integrierer (OP) 103
IRED 83

J
J-FET 85
Jahreswirkungsgrad 50
Joule 27

K
Kabelbemessung 59
Kaltleiter 82
Kapazität, elektrische 34
Kapazitätsdiode 84
Kaskadenschaltung, Gleichrichter 88
Kathete 22
Kennzeichnung von Kondensatoren, Widerständen 113 f.
Kinematik 25
Kippglieder 106 ff.
Kirchhoffsche Gesetze 29
Kollektorschaltung 98
Kondensator 34
Konstantspannungsquelle
– mit OP 104
– mit Z-Diode 94
Konstantstromquelle mit OP 104
Körperberechnung 19
Kraft 23
Kräftediagramm 23
Kraftwirkung, magnetische 36
Kreisfrequenz 38
Kreisgüte 48
Kühlkörperberechnung 78 ff.
Kurzschlussschutz 67
Kurzschlussspannung 49

L
Ladekondensator 88
Ladevorgang, Kondensator 51 f.
Ladung 27
Läuferspannung, -frequenz 50
LDR 82
LED 83
Leistung, elektrische 27
–, mechanische 26
Leistungsanpassung 30
Leitfähigkeit, elektrische 28
–, Tabelle 112
Leitungsbemessung 59
Leitungsschutzschalter 63, 65
Leitwert, elektrischer 27
–, magnetischer 35
Leuchtdichte 80 f.
Leuchtdiode 83
Lichtstrom, Lichtausbeute 80 f.
Linearverstärker 97
Liniendiagramm 38
Lüftungswärmebedarf 76
Lumen 80 f.
Lux 80 f.

M
magnetfeldabhängiger Widerstand 82
magnetischer Fluss 35
magnetisches Feld 35
Magnetisierungskennlinien 37
Masse 24
Massenträgheit 25 f.
Materialkonstanten 112
mathematische Zeichen 16
MDR 82
Mechanik 23
Mischspannung 54 f.
Mischungstemperatur 75
Mittelpunktschaltung 88 f.
Momentanwert, Wechselspannung 38
MOS-FET 85

N
NAND, NICHT, NOR 105
Nf-Verstärker 97
Normreihen 113
NTC-Widerstand 82

O
ODER 105
Ohm, Ohmsches Gesetz 27
Operationsverstärker 101 ff.
Ordnungszeichen 16

P
Parallelschaltung
–, Blindwiderstände 42
–, ohmsche Widerstände 29
–, Transformatoren 49
Parallelschwingkreis 48
Pegelrechnung 74
Pegeltabelle, Antennen 71 f.
Permeabilitätszahl 35
Permeanz 35
Permittivität 34
Phasenanschnitt 56
Phasenschieber 46
Planungsfaktor 80
Polpaarzahl 50
Potentialausgleich 59
Proelektron-Typenschlüssel 114
PTC-Widerstand 82
Pulsfrequenz 88
PUT 87
Pythagoras 22

Q
Querschnittsberechnung 59, 61

R
Raumindex 80 f.
Raumwirkungsgrad 80 f.
rechtwinkliges Dreieck 22
Reduktionsfaktoren 66
Reflexionsgrad 80 f.
Reihenschaltung
–, Blindwiderstände 40 f.
–, ohmsche Widerstände 30
Reihenschwingkreis 48
Reluktanz 35
Resonanzfrequenz 48
Ringleitung 60
rotatorische Bewegung 25 f.

S
Schaltvorgänge am RC-Glied 51 f.
Scheinleistung 39
Scheinwiderstand 38
Schieberegister 109
Schleifenimpedanz 57
Schlupf, -drehfrequenz 50
Schmelzwärme 75
Schmitt-Trigger mit OP 103
Schneckengetriebe 23
Schottky-Diode 83
Schutzarten 57
Schutzleiterquerschnitte 58
Schutzmaßnahmen 57 ff.
Schwingkreise 48
Selbstinduktion 36
Sicherungsnennströme 65
Siebfaktor, Siebglied 47
Siemens (Einheit) 27
Signaldiode 83
Solarzelle 84
Sourcefolger 100
Sourceschaltung 98
Spannung, elektrische 27
–, magnetische 35
spannungsabhängiger Widerstand 82
Spannungsfall, Leitungen 59 ff.
Spannungsstabilisierung 94 f.
Spannungsteiler, kapazitiver 45
–, ohmscher 31
Spannungsverdopplerschaltung 89
Sperrschicht-FET 85
spezifische Wärmemenge (Tabelle) 112

spezifischer elektrischer Leitwert (Tabelle) 28 (112)
– elektrischer Widerstand 27
Spule 24
Statik 23
Steilheit 85
Sternschaltung 44
Steuerkennlinien, Gleichrichter 92
Stichleitung 60
Strom, elektrischer 27
–belastbarkeit 63 f.
–dichte 28
–Verstärkung 84

T
Tabellen Materialkonstanten 112
Tastverhältnis 54
Temperaturbeiwert (Tabelle) 33 (112)
Tesla 35
Thyristor 86 f.
Tiefpass 45 f.
Trägheitsmoment 25 f.
Transformator 49
Transistor als Schalter 96
Transistoren 84 f.
translatorische Bewegung 26
Transmissionswärmebedarf 76
TRIAC 87
Typenschlüssel 114

U
Übersetzungsverhältnis
–, Getriebe 23
–, Transformator 49
Übersteuerungsfaktor 96
UJT 86
Umfangsgeschwindigkeit 25
UND 104
Unijunktiontransistor 85

V
Varistor, VDR 82
Verdampfungswärme 75 f.
Verknüpfungsglied 105
Verlegearten, Leitungen 62
Verstärker mit OP 101 ff.
– mit Transistoren 97 ff.
Verstärkungsmaß 74
Verzögerungsglied 107
Vierpol 45
Vierschichtdiode 86
Villardschaltung 89
Volt 27
Volumenberechnung 20 f.
Vorsätze bei Einheiten 17

W
Wärme 75 ff.
–arbeit 75
–bedarf von Räumen 76 f.
–durchgangswiderstand 76
–leitfähigkeit 77
–leitwiderstand 76 f.
–menge, spezifische 75, 112
–übergangswiderstand 77
–widerstand, Kühlkörper 78 ff.
Warmwassergerät 75
Wasserschutz, Schutzarten 57
Watt 27
Weber 35
Wechselstromgrößen 38
Wechselstromschaltungen 40
Wellenlänge, elektromagnetische 72
Wellenpaketsteuerung 56
Welligkeit 88 f.
Wheatstone-Brückenschaltung 32
Wickelhöhe 24
Widerstand, elektrischer 27
–, induktiver, kapazitiver 38
–, magnetischer 35
–, spezifischer, elektrischer 28
Widerstandsänderung 33
Windlastberechnung 73
Windungslänge 24
Winkelbeschleunigung 25
Winkelfunktion 22
Winkelgeschwindigkeit 25
Wirkleistung 39
Wirkungsgrad 50

Z
Zähler, Binärzähler 109
Zählerkonstante 39
Z-Diode 83
Zeitkonstante 51 f.
Zündverzögerungswinkel 56